U0259972

清华大学优秀博士学位论文丛书

封闭槽道紊流
相干结构研究

陈槐 著　Chen Huai

Coherent Structures in Turbulent Channel Flows

清华大学出版社
北　京

内容简介

本文运用旋转强度法研究了槽道中流体流动的紊流相干结构,推导给出了二维和三维旋转强度的理论解,分析了时均剪切对涡旋识别的影响以及 DNS 槽道紊流中二维和三维涡旋属性的差异,建立了可用于预测方腔内污染物滞留及泥沙淤积的唯象模型。

本书适合高校和科研院所水利、力学等专业的师生阅读。

图书在版编目(CIP)数据

封闭槽道紊流相干结构研究/陈槐著. —北京:清华大学出版社,2018
(清华大学优秀博士学位论文丛书)
ISBN 978-7-302-47467-8

Ⅰ. ①封…　Ⅱ. ①陈…　Ⅲ. ①水力学－管道－流体流动－研究　Ⅳ. ①TV13

中国版本图书馆 CIP 数据核字(2017)第 136012 号

责任编辑:黎　强
封面设计:傅瑞学
责任校对:王淑云
责任印制:宋　林

出版发行:清华大学出版社
　　　　网　　址: http://www.tup.com.cn, http://www.wqbook.com
　　　　地　　址: 北京清华大学学研大厦 A 座　　**邮　编:** 100084
　　　　社 总 机: 010-62770175　　　　　　　**邮　购:** 010-62786544
　　　　投稿与读者服务: 010-62776969, c-service@tup.tsinghua.edu.cn
　　　　质量反馈: 010-62772015, zhiliang@tup.tsinghua.edu.cn
印 装 者:三河市铭诚印务有限公司
经　　销:全国新华书店
开　　本: 155mm×235mm　　**印　张:** 7.25　　**字　数:** 122 千字
版　　次: 2018 年 6 月第 1 版　　　　　**印　次:** 2018 年 6 月第 1 次印刷
定　　价: 59.00 元

产品编号:071576-01

一流博士生教育
体现一流大学人才培养的高度(代丛书序)①

人才培养是大学的根本任务。只有培养出一流人才的高校,才能够成为世界一流大学。本科教育是培养一流人才最重要的基础,是一流大学的底色,体现了学校的传统和特色。博士生教育是学历教育的最高层次,体现出一所大学人才培养的高度,代表着一个国家的人才培养水平。清华大学正在全面推进综合改革,深化教育教学改革,探索建立完善的博士生选拔培养机制,不断提升博士生培养质量。

学术精神的培养是博士生教育的根本

学术精神是大学精神的重要组成部分,是学者与学术群体在学术活动中坚守的价值准则。大学对学术精神的追求,反映了一所大学对学术的重视、对真理的热爱和对功利性目标的摒弃。博士生教育要培养有志于追求学术的人,其根本在于学术精神的培养。

无论古今中外,博士这一称号都是和学问、学术紧密联系在一起,和知识探索密切相关。我国的博士一词起源于2000多年前的战国时期,是一种学官名。博士任职者负责保管文献档案、编撰著述,须知识渊博并负有传授学问的职责。东汉学者应劭在《汉官仪》中写道:"博者,通博古今;士者,辩于然否。"后来,人们逐渐把精通某种职业的专门人才称为博士。博士作为一种学位,最早产生于12世纪,最初它是加入教师行会的一种资格证书。19世纪初,德国柏林大学成立,其哲学院取代了以往神学院在大学中的地位,在大学发展的历史上首次产生了由哲学院授予的哲学博士学位,并赋予了哲学博士深层次的教育内涵,即推崇学术自由、创造新知识。哲学博士的设立标志着现代博士生教育的开端,博士则被定义为独立从事学术研究、具备创造新知识能力的人,是学术精神的传承者和光大者。

---

① 本文首发于《光明日报》,2017年12月5日。

博士生学习期间是培养学术精神最重要的阶段。博士生需要接受严谨的学术训练,开展深入的学术研究,并通过发表学术论文、参与学术活动及博士论文答辩等环节,证明自身的学术能力。更重要的是,博士生要培养学术志趣,把对学术的热爱融入生命之中,把捍卫真理作为毕生的追求。博士生更要学会如何面对干扰和诱惑,远离功利,保持安静、从容的心态。学术精神特别是其中所蕴含的科学理性精神、学术奉献精神不仅对博士生未来的学术事业至关重要,对博士生一生的发展都大有裨益。

独创性和批判性思维是博士生最重要的素质

博士生需要具备很多素质,包括逻辑推理、言语表达、沟通协作等,但是最重要的素质是独创性和批判性思维。

学术重视传承,但更看重突破和创新。博士生作为学术事业的后备力量,要立志于追求独创性。独创意味着独立和创造,没有独立精神,往往很难产生创造性的成果。1929 年 6 月 3 日,在清华大学国学院导师王国维逝世二周年之际,国学院师生为纪念这位杰出的学者,募款修建"海宁王静安先生纪念碑",同为国学院导师的陈寅恪先生撰写了碑铭,其中写道:"先生之著述,或有时而不章;先生之学说,或有时而可商;惟此独立之精神,自由之思想,历千万祀,与天壤而同久,共三光而永光。"这是对于一位学者的极高评价。中国著名的史学家、文学家司马迁所讲的"究天人之际、通古今之变,成一家之言"也是强调要在古今贯通中形成自己独立的见解,并努力达到新的高度。博士生应该以"独立之精神、自由之思想"来要求自己,不断创造新的学术成果。

诺贝尔物理学奖获得者杨振宁先生曾在 20 世纪 80 年代初对到访纽约州立大学石溪分校的 90 多名中国学生、学者提出:"独创性是科学工作者最重要的素质。"杨先生主张做研究的人一定要有独创的精神、独到的见解和独立研究的能力。在科技如此发达的今天,学术上的独创性变得越来越难,也愈加珍贵和重要。博士生要树立敢为天下先的志向,在独创性上下功夫,勇于挑战最前沿的科学问题。

批判性思维是一种遵循逻辑规则、不断质疑和反省的思维方式,具有批判性思维的人勇于挑战自己、敢于挑战权威。批判性思维的缺乏往往被认为是中国学生特有的弱项,也是我们在博士生培养方面存在的一个普遍问题。2001 年,美国卡内基基金会开展了一项"卡内基博士生教育创新计划",针对博士生教育进行调研,并发布了研究报告。该报告指出:在美国和欧洲,培养学生保持批判而质疑的眼光看待自己、同行和导师的观点同样非常不容易,批判性思维的培养必须要成为博士生培养项目的组成部分。

对于博士生而言,批判性思维的养成要从如何面对权威开始。为了鼓励学生质疑学术权威、挑战现有学术范式,培养学生的挑战精神和创新能力,清华大学在2013年发起"巅峰对话",由学生自主邀请各学科领域具有国际影响力的学术大师与清华学生同台对话。该活动迄今已经举办了21期,先后邀请17位诺贝尔奖、3位图灵奖、1位菲尔兹奖获得者参与对话。诺贝尔化学奖得主巴里·夏普莱斯(Barry Sharpless)在2013年11月来清华参加"巅峰对话"时,对于清华学生的质疑精神印象深刻。他在接受媒体采访时谈道:"清华的学生无所畏惧,请原谅我的措辞,但他们真的很有胆量。"这是我听到的对清华学生的最高评价,博士生就应该具备这样的勇气和能力。培养批判性思维更难的一层是要有勇气不断否定自己,有一种不断超越自己的精神。爱因斯坦说:"在真理的认识方面,任何以权威自居的人,必将在上帝的嬉笑中垮台。"这句名言应该成为每一位从事学术研究的博士生的箴言。

提高博士生培养质量有赖于构建全方位的博士生教育体系

一流的博士生教育要有一流的教育理念,需要构建全方位的教育体系,把教育理念落实到博士生培养的各个环节中。

在博士生选拔方面,不能简单按考分录取,而是要侧重评价学术志趣和创新潜力。知识结构固然重要,但学术志趣和创新潜力更关键,考分不能完全反映学生的学术潜质。清华大学在经过多年试点探索的基础上,于2016年开始全面实行博士生招生"申请-审核"制,从原来的按照考试分数招收博士生转变为按科研创新能力、专业学术潜质招收,并给予院系、学科、导师更大的自主权。《清华大学"申请-审核"制实施办法》明晰了导师和院系在考核、遴选和推荐上的权利和职责,同时确定了规范的流程及监管要求。

在博士生指导教师资格确认方面,不能论资排辈,要更看重教师的学术活力及研究工作的前沿性。博士生教育质量的提升关键在于教师,要让更多、更优秀的教师参与到博士生教育中来。清华大学从2009年开始探索将博士生导师评定权下放到各学位评定分委员会,允许评聘一部分优秀副教授担任博士生导师。近年来学校在推进教师人事制度改革过程中,明确教研系列助理教授可以独立指导博士生,让富有创造活力的青年教师指导优秀的青年学生,师生相互促进、共同成长。

在促进博士生交流方面,要努力突破学科领域的界限,注重搭建跨学科的平台。跨学科交流是激发博士生学术创造力的重要途径,博士生要努力提升在交叉学科领域开展科研工作的能力。清华大学于 2014 年创办了"微沙龙"平台,同学们可以通过微信平台随时发布学术话题、寻觅学术伙伴。3年来,博士生参与和发起"微沙龙"12000 多场,参与博士生达 38000 多人次。"微沙龙"促进了不同学科学生之间的思想碰撞,激发了同学们的学术志趣。清华于 2002 年创办了博士生论坛,论坛由同学自己组织,师生共同参与。博士生论坛持续举办了 500 期,开展了 18000 多场学术报告,切实起到了师生互动、教学相长、学科交融、促进交流的作用。学校积极资助博士生到世界一流大学开展交流与合作研究,超过 60% 的博士生有海外访学经历。清华于 2011 年设立了发展中国家博士生项目,鼓励学生到发展中国家亲身体验和调研,在全球化背景下研究发展中国家的各类问题。

在博士学位评定方面,权力要进一步下放,学术判断应该由各领域的学者来负责。院系二级学术单位应该在评定博士论文水平上拥有更多的权力,也应担负更多的责任。清华大学从 2015 年开始把学位论文的评审职责授权给各学位评定分委员会,学位论文质量和学位评审过程主要由各学位分委员会进行把关,校学位委员会负责学位管理整体工作,负责制度建设和争议事项处理。

全面提高人才培养能力是建设世界一流大学的核心。博士生培养质量的提升是大学办学质量提升的重要标志。我们要高度重视、充分发挥博士生教育的战略性、引领性作用,面向世界、勇于进取,树立自信、保持特色,不断推动一流大学的人才培养迈向新的高度。

清华大学校长

2017 年 12 月 5 日

丛书序二

以学术型人才培养为主的博士生教育,肩负着培养具有国际竞争力的高层次学术创新人才的重任,是国家发展战略的重要组成部分,是清华大学人才培养的重中之重。

作为首批设立研究生院的高校,清华大学自20世纪80年代初开始,立足国家和社会需要,结合校内实际情况,不断推动博士生教育改革。为了提供适宜博士生成长的学术环境,我校一方面不断地营造浓厚的学术氛围,一方面大力推动培养模式创新探索。我校已多年运行一系列博士生培养专项基金和特色项目,激励博士生潜心学术、锐意创新,提升博士生的国际视野,倡导跨学科研究与交流,不断提升博士生培养质量。

博士生是最具创造力的学术研究新生力量,思维活跃,求真求实。他们在导师的指导下进入本领域研究前沿,吸取本领域最新的研究成果,拓宽人类的认知边界,不断取得创新性成果。这套优秀博士学位论文丛书,不仅是我校博士生研究工作前沿成果的体现,也是我校博士生学术精神传承和光大的体现。

这套丛书的每一篇论文均来自学校新近每年评选的校级优秀博士学位论文。为了鼓励创新,激励优秀的博士生脱颖而出,同时激励导师悉心指导,我校评选校级优秀博士学位论文已有20多年。评选出的优秀博士学位论文代表了我校各学科最优秀的博士学位论文的水平。为了传播优秀的博士学位论文成果,更好地推动学术交流与学科建设,促进博士生未来发展和成长,清华大学研究生院与清华大学出版社合作出版这些优秀的博士学位论文。

感谢清华大学出版社,悉心地为每位作者提供专业、细致的写作和出版指导,使这些博士论文以专著方式呈现在读者面前,促进了这些最新的优秀研究成果的快速广泛传播。相信本套丛书的出版可以为国内外各相关领域或交叉领域的在读研究生和科研人员提供有益的参考,为相关学科领域的发展和优秀科研成果的转化起到积极的推动作用。

感谢丛书作者的导师们。这些优秀的博士学位论文,从选题、研究到成文,离不开导师的精心指导。我校优秀的师生导学传统,成就了一项项优秀的研究成果,成就了一大批青年学者,也成就了清华的学术研究。感谢导师们为每篇论文精心撰写序言,帮助读者更好地理解论文。

感谢丛书的作者们。他们优秀的学术成果,连同鲜活的思想、创新的精神、严谨的学风,都为致力于学术研究的后来者树立了榜样。他们本着精益求精的精神,对论文进行了细致的修改完善,使之在具备科学性、前沿性的同时,更具系统性和可读性。

这套丛书涵盖清华众多学科,从论文的选题能够感受到作者们积极参与国家重大战略、社会发展问题、新兴产业创新等的研究热情,能够感受到作者们的国际视野和人文情怀。相信这些年轻作者们勇于承担学术创新重任的社会责任感能够感染和带动越来越多的博士生们,将论文书写在祖国的大地上。

祝愿丛书的作者们、读者们和所有从事学术研究的同行们在未来的道路上坚持梦想,百折不挠!在服务国家、奉献社会和造福人类的事业中不断创新,做新时代的引领者。

相信每一位读者在阅读这一本本学术著作的时候,在吸取学术创新成果、享受学术之美的同时,能够将其中所蕴含的科学理性精神和学术奉献精神传播和发扬出去。

清华大学研究生院院长

2018 年 1 月 5 日

导师序言

　　自然界和工程中绝大部分流动都是湍流,例如地球大气层的运动、海洋中的洋流和湾流、河流湖泊中的水流、燃烧过程中的热流等。相比分子布朗运动的输运作用,湍流对热量、物质及动量的输运能力要高三个量级以上,湍流的研究对流体力学基础理论和工程应用都具有重要价值。

　　早期的研究(1910—1940 年)将湍流作为随机现象,认为瞬时速度由平均速度及随机脉动速度叠加而成,可以利用马尔可夫过程类的随机理论进行描述。随着实验及计算机技术的发展,1950 年后,尤其是 1990 年后二维PIV(粒子图像测速)的广泛应用,通过一系列的试验,透过看似杂乱的湍动流场可以发现,湍流中蕴含着非常丰富的有组织的结构(即相干结构)。迄今为止,相干结构主要分为以下几种类型:高低速条带、喷射和清扫组成的猝发现象、涡旋结构(流向涡、发夹涡及手杖涡等)、大尺度结构和超大尺度结构。随着研究的推进,逐步认为涡旋结构是产生以上几种相干结构类型的本质原因(如发夹涡群模型)。将湍流视为涡丝的缠绕体,是全频谱内各种尺度的涡旋叠加的结果,很多湍流现象都可以用涡动力学进行解释。

　　虽然在过渡流及人工激振流中比较容易识别涡旋结构,但在常规湍流中,由于涡旋结构被淹没在杂乱的湍动场中,较难捕捉及提取。针对如何提取涡旋结构,前人进行了大量的研究,主要方法可以归纳为三类:(1)建立在直观理解基础上的经典方法,如旋转的流线;(2)建立在各种理想模型上的模式匹配法,如 Oseen 涡模型法;(3)建立在局部速度梯度张量基础上的参数阈值法,如第二不变量、梯度矩阵的判别式及旋转强度。由于经典法和模式匹配法的局限性,参数阈值法应用更为广泛,其中又以旋转强度最为突出;旋转强度法具有明确的物理意义,能区分背景剪切,提取涡旋的旋转平面及旋转角速度,且涡结构可视化时对阈值的要求较低。

　　迄今为止,研究人员几乎普遍采用数值方法计算旋转强度,除个别文献提到倾斜平面内二维旋转强度的表达式外,几乎没有关于三维旋转强度显式理论解的报道,更没有与之相关的应用研究,仅凭数值解很难定量研究其他因素对旋转强度及与之相关的涡旋结构识别的影响。有鉴于此,本论文推导得出旋转强度的理论解,应用于研究时均剪切对涡旋识别的影响,并分析了二维与三维旋转强度的联系及两者在提取涡旋结构属性方面的差异。

该论文的主要创新成果包括:

(1) 首次推导得出了旋转强度的理论解及用于表征涡旋方向的实特征向量的理论解;

(2) 首次得出时均流速梯度影响涡旋识别的作用项及影响条件(当时均剪切强度大于逆向涡旋中心涡量的一半时,将无法在瞬时流场中识别此涡旋);

(3) 首次得出了二维和三维旋转强度的理论关系,并得出槽道紊流中二维旋转强度及线变形率对三维旋转强度的贡献率;

(4) 首次同时对槽道紊流中三个切面内二维与三维涡旋的密度、半径及方向进行对比,分析两者的联系及差异。

这些创新成果,将有助于深入理解涡旋提取方法及涡旋三维结构形态。

泥沙的运动与水流紊动密切相关,紊流的许多研究成果都可以用来分析泥沙的运动。关于涡旋结构和泥沙输移的相互作用,前人已进行了不少研究,但主要停留在用涡旋假说去定性地解释物理现象,如发夹涡群引发紊动猝发(喷射和清扫),进而导致泥沙的起悬和输移。关于两者的定量研究很少,如涡旋结构与泥沙颗粒的相对空间位置分布,涡旋结构与泥沙浓度分布的定量关系等问题都尚未进行探索。利用已有的涡旋结构理论及分析结果,深入研究这些问题,对于突破传统的泥沙输移及扩散理论具有重要的意义,对提升现有泥沙数学模型的预测精度也有重要价值。

王兴奎

清华大学水利水电工程系

2016 年 4 月

目　录

第1章 引 言

1.1 研究的背景和意义

自然界及工程中绝大部分的流动都是湍流,例如地球大气层的运动、海洋中的洋流和湾流、河流湖泊中的水流、燃烧过程中的热流等(Tennekes 和 Lumley,1972)。生活中亦不乏各种湍流的例子,如天然气和自来水管线内的流动、绕过车辆或高楼的气流、通过动脉的血液流动等。教科书中一般用雷诺 1883 年的染色剂试验来说明层流、湍流间的差异,其实生活中我们也可以亲身体会到湍流。烟囱向外冒出的滚滚浓烟,使我们看到湍流;风吹电线发出的呜呜声(由湍流中的卡门涡街引起),使我们听到湍流;当飞机遇到湍流,机身发生的轻微摇摆及振动,使我们触摸到湍流。

相比分子布朗运动的输运,湍流对热量、物质及动量的输运能力是前者的三个量级以上(Holmes et al.,1998),所以湍流具有非常重要的作用。湍流使得大气及海洋中的气体和养分得以输运,使得地表温度得以均衡。比如,森林中的氧气与城市产生二氧化碳就是依靠湍流才得以快速交换。但湍流也会带来一些负面作用,如在管道或渠道内的流动、空气或水流中行驶的交通工具,有大约一半的能量被湍流耗散在了壁面附近(Jiménez 和 Kawahara,2013)。研究湍流将对生活和工程产生重要的价值,如可以得出飞机及车辆上的作用力和热损耗、提供不同天气条件下火电站的合理选址、预测制作芯片的硅坯料中杂质的波动情况、揭示河流及海岸中泥沙的输移规律等(Holmes et al.,1998)。

早期的研究(1910—1940 年)将湍流作为随机现象,认为瞬时速度由平均速度及随机脉动速度叠加而成,可以利用马尔可夫过程类的随机理论进行描述;在此期间获得了许多显著的成果,如著名的 Kolmogrov 局部各向同性湍流的统计理论(Alfonsi,2006)。

1950 年后,尤其是 1990 年后二维粒子图像测速(PIV)广泛使用,一系列的试验发现,湍流是有组织的,但这些有组织的结构(相干结构)被淹没在杂乱的湍动流场中。例如,湍流流场中某些空间或时间点之间的流速存在极大的相关性,人们很容易联想到,这是由那些隐藏在看似随机紊动的流场中有组织的结构所引起(Bernard 和 Wallace,2002)。

流速是表征紊流最基本的物理参数,也是推求其他参数(如速度梯度、涡量、环量等)和提取相干结构的基础。流速测量一般可以分为以下几种:压力测速、热力测速及粒子测速(Tropea et al.,2007)。压力测速依据伯努利方程中压力水头和流速的关系进行测速,如毕托管,但其为插入式仪器,会干扰局部流场。热力测速依据热敏传感器的电阻与温度间的相关关系进行测速,如热线风速仪,其在风速测量方面具有广泛的应用,但由于热线难以承受液体对它施加的作用力,故应用热膜流速仪测量水流速度。粒子测速利用与流体介质跟随性很好且具有良好散光性能的示踪粒子进行测速,如激光多普勒测速仪(LDA,LDV)、粒子图像测速仪、多普勒全场测速仪(DGV)及激光输运测速仪(LTV),它们不仅能获得单点的流速脉动,而且能提供一定时间及空间分辨率下的平面流场。LDV 适用于测量液体流速,而 PIV 广泛适用于液体及气体的流速测量。值得一提的是,虽然现在有测量三维流场的 PIV,如全息和快速平扫三维 PIV,但这些方法都价格昂贵且较难实施(Bernard 和 Wallace,2002)。

随着计算机科学技术的发展,直到 20 世纪 80 年代,求解紊流条件下的 Navier-Stokes(N-S)方程才成为可能。紊流数值模拟主要分为以下三种,分别为雷诺平均的 N-S 方程(RANS)、大涡模拟(LES)和直接数值模拟(DNS)(Robinson,1991)。RANS 将 N-S 方程进行时均化,采用相关矩或涡模型进行封闭,可以求解高雷诺数下的时均流场,但无法获得对应的紊动流场。LES 假设小尺度结构在紊流中具有各向同性的属性,并不直接计算,而是通过模型求解;而与流体参数及几何边界具有极强的相关性,采用 N-S 方程进行三维求解。DNS 不凭借任何经验或理论的紊流模型,而是直接对 N-S 方程进行数值求解。故 DNS 比 LES 具有更高的分辨率,DNS 的三维速度及压力场为提取紊流的小尺度结构及统计参数提供了充足的数据,但 DNS 还不能求解工程设计中高雷诺数下的流动,因为这需要极大的内存并且无法使用对称边界条件下的加速算法(Bernard 和 Wallace,2002)。

从最初通过随机变量和定性流动显示(如染色剂及烟线)推测相干结构,到新试验设备及数值模拟技术出现后,采用高时间及空间分辨率的二维及三维流场数据定量研究相干结构,从某种程度上可以说,紊流的研究内容(尺度、运动及动力特性)和研究手段是随着数据采集设备、数字信号处理和计算机的发展所不断推进的。

　　无论是流体流经各种自然和人造边界,或是各种物质、生物及交通工具在流体中运动,流体总是和边界形影不离,所以常见的紊流总与边界(如壁面)相关。壁面对紊流具有极其重要的影响,表现为:壁面会衰减垂直于壁面方向的流速分量,使紊流得以各向异性;壁面剪切产生涡量,涡量向下游扩散和增强的传输过程中,使紊流得以不断产生(Bredberg,2000)。

　　固壁边界对紊流存在深远的影响,壁面紊流内相干结构的产生和演化将有可能阐明紊动能耗散至热能的机理,研究者认为它是理解流体物理本质和进行紊流模拟并控制紊流现象(质量及热量输移、掺混、燃烧、阻力及噪声)的关键(Bonnet,1996)。三种典型的壁面紊流分别为无压力梯度的平板边界层流,充分发展的槽道及管道流。虽然边界条件不同,但壁面紊流近壁区内黏性占主导地位,按黏性尺度归一化后的统计参数(如时均流速、紊动强度等)都基本相互吻合。Marusic 和 Adrian(2013)认为一般将内外区分为以下四层,分别为黏滞底层($y^+<5$)、缓冲层($5<y^+<30$)、对数区($30<y^+<0.15Re_\tau$)及尾流区($y^+>0.15Re_\tau$),其中 y^+ 为用内尺度(摩阻流速及运动黏滞系数)归一化的壁面距离,Re_τ 为摩阻雷诺数。黏滞底层中速度分布呈线性规律,缓冲层中黏性占主导但同时也是紊动的最高产量区,对数区是内外区的交叠部分,而外区中黏性作用可以忽略不计。槽道流由于具有最为简单的边界条件,且最易于进行实验及数值模拟,得到了广泛的研究。

1.2　槽道紊流相干结构研究现状

1.2.1　壁面紊流相干结构

　　相干结构(coherent structure)又被称为有组织的运动(organised motion)或相关漩涡(coherent eddy)(Bonnet,1996)。正如 Marusic 和 Adrian(2013)所说,"结构"和"运动"这两个词本身就暗示着,我们对这种模式所知甚少,所以只能用一些粗略的词语去形容。到目前为止,"相干结构"还没有精确的定义,已有文献中的定义如下:Townsend(1976)定义相干结构为存在局部涡量分布且形式相对简单的一种流动模式;Hussain(1986)认为相干结构是在其空间范围内存在瞬时相位相关的紧密关联的流团;Robinson(1991)认为相干结构是流场中这样一类区域,至少有一个变量(如流速、密度、温度等)与其自身或者其他变量间在远大于流动最小尺度的时间和空间间隔内存在极大的相关性;Bernard 和 Wallace(2002)认为相干结构是具有相当程度的有组织的和重复性的流体单元;Marusic 和 Adrian

(2013)认为相干结构首先必须存在旋转运动,同时其在时间及空间域内广泛存在,且其生存周期大于涡旋(vortex)旋转一周的时间。

壁面紊流内的相干结构主要有以下几种类型:高低速条带、喷射和清扫组成的猝发现象、涡旋结构(流向涡、发夹涡、手杖涡、发夹涡群)、大尺度结构和超大尺度结构。Kline et al.(1967)使用氢气泡显示出低速条带结构,并发现其平均间距约为 100^{+};Bogard 和 Tiderman(1987)认为喷射事件可能源于单根低速条带的不稳定性,且先发生的喷射事件强度要远高于其后的喷射事件,猝发(喷射和清扫循环过程)是导致紊动应力的主要来源;Theodorsen(1952)提出不可压紊流边界层中充满着附着在壁面的发夹状的涡结构;Blackwelder 和 Eckelmann(1979)及 Robinson(1991)发现实验及数值模拟中存在着很多非对称的单边发夹涡(即手杖涡和准流向涡);Adrian et al.(2000)提出发夹涡群模型,并利用该模型解释了其他几种相干结构,如发夹涡两腿间斜向上运动的流体会导致喷射事件,而发夹涡头部斜向下的流体会导致清扫事件,发夹涡群在空间的排列可能产生大尺度结构;Kim 和 Adrian(1999)及 Del Alamo 和 Jimenez(2003)利用数值模拟从一维、二维能谱中发现了大尺度、超大尺度结构。

由于二维 PIV 的广泛使用,相干结构中的涡旋结构受到了广泛的关注。紊流被视为是涡丝的缠绕体,是全频谱内各种尺度的涡旋叠加的结果,很多紊流现象都可以用涡动力学进行解释(Tennekes 和 Lumley,1972)。涡旋常被视为是紊流的肌腱、肌肉和声音(Küchemann,1965;Schram,2003)。Robinson(1991)认为涡旋结构处于紊流研究的核心位置,有以下几点原因:(1)涡旋具有越过时均流速梯度输运质量及动量的能力;(2)涡旋几乎在任何环境中都能持续存在;(3)涡旋本身具有的高低压分布能导致压力脉动,从而诱导周围的流体。Chakraborty et al.(2005)认为涡旋之所以受到流体动力学界的推崇,是因为它使研究者仅利用毕奥-萨法尔定理及涡旋动力学就能理解"涡如何诱导产生流场"。

自从 Theodorsen 于 1952 年进行了开创性的工作,提出不可压紊流边界层中充满着附着在壁面的发夹状的涡结构后,壁面紊流中涡旋结构的重要性就得到了认可。这些结构对低动量流体的输运及雷诺应力的产生起着主导作用。Townsend(1976)发现流边界层等应力区的紊动是由壁面附着涡所引起的。Perry et al.(1986)为,边界层是由 Λ 形状的发夹涡所组成,通过对几何尺寸分级的涡的时均流速剖面、雷诺应力、紊动强

Robinson(1991)针对低雷诺数边界层的涡结构提出理想化的模型,即缓冲层内主要分布着准流向涡,对数区内同时存在准流向涡及弓形涡,尾流区内主要为弓形涡;在该模型中,边界层中通过清扫及喷射导致的紊动等都和涡结构相关联。Smith et al. (1991)通过详尽的文献综述发现,发夹涡的产生、生长及形变与边界层内雷诺应力梯度间存在极大的相关性。Marusic(2001)应用附着涡模型研究涡群结构,发现流向涡结构对对数区内雷诺应力及其输运过程扮演着重要的角色。Del Alamo et al. (2006)应用 DNS 研究了紊动槽道外区的有组织的涡簇,并发现对数区内涡旋可以分为两类;一类是壁面分离涡,均匀分布在外区;另一类是壁面附着涡,与 Adrian et al. (2000)提出的发夹涡群很相似。虽然第二类涡簇的密度比第一类小,但它们更动态相关,尺寸更大,对雷诺应力的贡献率也更大。

　　一些研究也将涡旋结构与泥沙起动相联系,如 Kaftori et al. (1995)通过流动显示技术及 LDA 研究了水槽内颗粒的起动,并提出了漏斗涡模型(funnel vortex)解释泥沙输移,当漏斗涡通过泥沙颗粒时,如果其强度足够大,就可以将泥沙举离壁面,随后粒子跟随涡输运一定的距离,直至由于惯性或者涡耗散而脱离;Gyr 和 Schmid(1997)认为涡核中心的高值负压力是造成泥沙起动的动力,泥沙沿着清扫区的侧向输移,并在两侧形成沙纹,而沉积在清扫区前方的泥沙则形成类似马蹄形的沙纹;Cameron(2006)用100Hz 的 PIV 研究了 40mm 粒径的颗粒运动,认为发夹涡尾部及较大的流向速度导致了泥沙的起动。

1.2.2　涡旋识别方法

　　涡旋这个在流体力学中广泛应用的概念,人们几乎很少停下来仔细想想它的含义,一旦人们试图进一步深入,就会发现定义涡旋是如此之难。对涡旋结构的描述是如此之困难,正如 Fiedler(1988)所说,"当研究边界层内的结构时,读者将会在涡结构的园区中迷失自己,比如马蹄涡、发夹涡、薄饼或冲浪板涡、典型涡、涡环、蘑菇涡及箭头涡等等"。

　　正如相干结构一样,涡旋也缺乏一个广泛认同的概念。已有文献对涡旋的定义如下:Lamb(1993)认为涡旋是表面由涡丝构成的涡管;Lugt(1979)认为涡旋是大量流体质点绕着一个共同的中心做旋转运动;Zhong et al. (1998)认为涡旋是同时存在旋转运动且涡量集中的区域;Zhou et al. (1999)认为涡旋是那些围绕其旋转轴做持久的、相干的旋转运动的管状结构;Robinson(1991)认为,当通过一个与涡核运动速度一致的参考系去观察时,在与其旋转方向垂直的平面内,涡旋投影的瞬时流线将呈现为大体的圆形或螺旋形。除此之外,一些文献是通过具体的参数对涡旋进行定义,如Perry 和 Chong(1987)认为涡核是那些空间中存在极大涡量从而使旋转张量大于应变率张量的区域;Hunt et al. (1988)认为涡旋是速度梯度张量的第二不变量为正且同时存在低压的区域;Chong et al. (1990)认为涡旋是速度梯度张量存在复特征值的区域。总体而言,大部分研究者倾向于采用Robinson 对涡旋的定义。

虽然在过渡流及人工激振流中涡旋普遍比较容易识别,但在常规紊流中,由于涡旋结构被淹没在杂乱的紊动场中,较难捕捉及提取(Bonnet,1996)。在过去的 20 多年时间里,随着实验及计算机技术的发展,已成功定量化壁面紊流速度的空间分布,从而使涡旋的提取及定量化研究成为可能(Gao et al. ,2011)。

涡旋识别的方法主要归纳为三类:(1)建立在直观理解基础上的经典方法;(2)建立在各种理想模型上的模式匹配法;(3)建立在局部速度梯度张量基础上的参数阈值法。

经典方法又分为以下三类:封闭或旋转的流线或迹线(Lugt,1979)、局部高值涡量区(Kim,1987)及局部低压区(Robinson,1990)。流线法不具有伽利略不变性,在不同的参考系下,流线的形状不一致,导致涡识别不具有统一性。涡量法无法区别背景剪切与涡旋自身的剪切,故无法在剪切较强的流态中使用,比如壁面紊流的近壁剪切紊流。压力法建立在理想流体下局部低压与涡旋旋转的相关关系上,但实际流体中该关系并不严格成立,且流体的黏性会削弱压力的极小值。

模式匹配法主要分为小波函数法和涡模型法。Schram et al. (2004)和Camussi 和 Di Felice(2006)分别利用墨西哥帽和高斯小波从涡量场中提取涡旋结构。Carlier 和 Stanislas(2005)和 Del Alamo et al. (2006)分别利用理想的 Oseen 涡及椭圆高斯涡模型从流场中提取涡旋结构。但由于实际流态的复杂性,涡旋并不呈典型的圆形或椭圆形,其形状十分复杂(Ganapathisubramani et al. ,2006;Gao et al. ,2011),故模式匹配法在实际流态中的匹配度并不理想。

参数阈值法建立在局部速度梯度张量的基础上,故具有伽利略不变性,与参考系无关,主要有以下四类:(1)第二不变量 $Q>0$(Hunt et al. ,1988),表征了局部空间内的旋转率大于应变率;(2)压力 Hessian 矩阵的第二特征值 $\lambda_2<0$(Jeong 和 Hussain,1995),表征了特定平面内的旋转率大于

应变率;(3)判别式 $\Delta > 0$(Perry,Chong,1987),表明速度梯度矩阵存在复特征值,但其约束性小于第二不变量 Q;(4)旋转强度 $\lambda_{ci} > 0$(Zhou et al.,1999),它是梯度矩阵复特征值的虚部,表征了涡旋旋转的角速度。

由于旋转强度法具有明确的物理意义,能区分背景剪切,提取涡旋的旋转平面和旋转角速度,且涡结构可视化时对阈值的要求较低,受到了广泛的使用(Zhou et al.,1999;Chakraborty et al.,2005;Wu 和 Christensen,2006,Natrajan et al.,2007;Pirozzoli et al.,2008;Stanislas et al.,2008;Herpin et al.,2010;Gao et al.,2011;钟强等,2013);依据平面内流场的维数,可称其为二维或三维旋转强度。由于二维 PIV 的广泛使用,流场数据很容易获得,研究者几乎普遍采用数值方法计算旋转强度,除 Hutchins et al.(2005)提到过倾斜平面内二维旋转强度的表达式外,几乎没有关于三维旋转强度理论解的报道,更没有与之相关的应用研究。

1.2.3　槽道紊流的涡旋属性

虽然涡旋已经研究了几十年,但其产生机制及动力学特性还没被完全理解,甚至它们的形状、尺寸及运动特性在很多流态下还是未知的。利用 DNS 及三维 PIV 技术可以准确获得涡旋的三维信息,然而表征三维涡旋是一个艰苦困难的工作,所以定量化的涡旋属性,如数量、尺度及方向等,通常都是从涡旋的二维切片下获得(Maciel et al.,2012)。为下文描述方便,定义 X、Y、Z 分别对应水流方向、垂直于槽底方向及槽道展宽方向。根据切面的不同,可以分为 XY 面(流向-垂向切面)、XZ 面(流向-展向切面)和 YZ 面(垂向-展向切面);三个切面两两垂直,协同刻画涡旋的三维信息。

由于实际流态的复杂性,参数阈值法更受欢迎,如 Nagaosa 和 Handler(2003)利用速度梯度张量的第二不变量 Q 进行涡识别,Wu 和 Christensen(2006)、Natrajan et al.(2007)及 Herpin et al.(2010)应用旋转强度进行涡识别。但阈值法存在的问题是,参数强度在垂向上分布不均匀;Wu 和 Christensen(2006)发现,当选用均方根对旋转强度进行归一化后,不同高程处参数的概率密度分布曲线将会很好地重合在一起,并由此得出涡旋识别的统一阈值。值得注意的是,Wu 和 Christensen(2006)的结果仅建立在不同流态(槽道及边界层)、不同高程($100 < y^+ < 0.95\delta^+$,$\delta^+ = 570 \sim 3450$)的 XY 面内的二维旋转强度的统计信息之上,该结果是否适用于 XZ 及 YZ 面的二维(或三维)旋转强度,是否适用于 $y^+ < 100$ 的区域内的涡旋识别是值得研究的问题。

关于涡旋密度及半径的研究如下。Hambleton(2007)测量了 XY 面内的二维速度场,应用二维旋转强度提取涡旋,发现在对数区内涡旋半径随着与壁面距离的增加而减小。与之形成对比的是,Carlier 和 Stanislas(2005)(测量 XY 面及与流向成 135°的切面)、Stanislas et al.(2008)(测量 YZ 面)和 Pirozzoli et al.(2008)(数值模拟 XY 及 YZ 面)发现,涡旋的平均半径随着与壁面距离的增加而增大。Wu 和 Christensen(2006)利用 PIV 研究了 XY 面内的涡旋,发现正、逆向涡旋的密度是壁面距离、雷诺数及流态的函数,其中正向涡密度随壁面距离增加而增大,逆向涡的情况则相反。Gao et al.(2007)及 Gao et al.(2011)应用 XZ 面内的三维速度场计算三维旋转强度,并投影到与实特征向量相垂直的平面内提取涡管半径,发现涡管半径随壁面距离的增加而增大。Herpin et al.(2010)统计了 XY 及 YZ 面内的涡旋信息,发现近壁区是涡旋分布最多的区域,以流向涡为主;相比展向涡旋,虽然流向涡平均尺寸较小,但强度较大;而在对数区,流向及展向涡旋的统计特性较为一致。Chen et al.(2014a)利用 PIV 研究了 4 种雷诺数下 XY 面内的正、逆向涡旋,发现两者的半径都随壁面距离增加而增大。需指出的是,除了 Carlier 和 Stanislas(2005)、Stanislas et al.(2008)和 Pirozzoli et al.(2008)使用建立在 Oseen 涡模型上的模式匹配法提取涡旋外,上述其他方法都采用旋转强度法提取涡旋信息。总结得出,虽然前人获得了三个切面(XY、XZ 及 YZ)内的涡旋信息,但由于工况和提取方法的不同,导致无法同时对三个面内的涡旋属性进行比较,此外选用二维或三维旋转强度引起涡旋识别的差异也鲜有报道。

关于涡旋方向的研究如下。一般用涡量矢量 $\boldsymbol{\Omega}$ 来描述涡旋方向,如 Tanahashi et al.(2004)和 Das et al.(2006)假设管状的涡旋可以用 Burger 涡近似,并将第二不变量 Q 的局部最大值点处的涡量方向作为涡旋方向;Ganapathisubramani et al.(2006)利用旋转强度提取涡旋,并将涡旋占据区域内涡量的平均方向作为涡旋方向。但涡量不仅与局部旋转运动有关,还受剪切及大尺度旋转运动的影响,一些研究指出,$\boldsymbol{\Omega}$ 的方向并不总和涡旋方向一致,尤其是在近壁区内,两者存在较大的差异(Bernard et al.,1993;Zhou et al.,1999;Gao et al.,2007;Gao et al.,2011)。Gao et al.(2007)发现速度梯度张量的实特征向量 $\boldsymbol{\Lambda}_r$ 是三维旋转强度等值面的切向量,可以表征涡旋方向,且不受剪切影响。但到目前为止,只有少量文献针对 $\boldsymbol{\Lambda}_r$ 和 $\boldsymbol{\Omega}$ 进行定量比较。Gao et al.(2007)研究了 2 个垂向高度处($y^+=110$ 及 575)XZ 面内 $\boldsymbol{\Lambda}_r$ 与 $\boldsymbol{\Omega}$ 的夹角,发现概率密度最大的夹角为 15°。Pirozzoli et al.

(2008)对比了四种涡旋方向的计算方法(局部涡量、旋转平面的垂向量、实特征向量及压力 Hessian 矩阵最小特征值对应的特征向量),发现四种方法在外区的计算结果基本一致,但由于内区存在较强的剪切作用,仅实特征向量能鉴别出近壁区内的准流向涡。尽管 Pirozzoli et al.(2008)没有直接计算 $\boldsymbol{\Lambda}_r$ 与 $\boldsymbol{\Omega}$ 的夹角,但通过对比 XY 面内的投影角,发现两者在近壁区内存在较大的差异。Gao et al.(2011)研究了 3 个垂向 XZ 面($y^+ = 47$、110 及 198)内涡旋的方向,认为由发夹涡诱导产生的局部剪切是导致 $\boldsymbol{\Lambda}_r$ 与 $\boldsymbol{\Omega}$ 间差异的主要原因。

　　关于涡旋角度的研究,已有结果主要集中于涡旋与 XZ 面的倾角。Theodorsen(1952)利用涡输运的 N-S 方程,针对边界层紊流提出发夹涡模型,认为发夹涡在近壁区形成,并沿着与下游成 45° 的夹角向外区生长。Head 和 Bandyopadhyay(1981)通过可视化实验发现,在相当大的雷诺数范围内,马蹄及发夹涡类的涡结构从壁面发展,并主要与床面呈 45° 倾角。Zhou et al.(1999)认为壁面紊流结构的特征角度(30°~50°)与发夹涡和床面间的倾角有关,而流向涡与壁面的倾角主要为 15°。Marusic(2001)通过附着涡模型计算发现,倾角为 45° 的涡旋在较大的尺度及密度范围内广泛存在。Carlier 和 Stanislas(2005)通过模式匹配法提取涡旋,发现涡旋以近 45° 向下游倾斜。Ganapathisubramani et al.(2006)利用双平面 PIV 研究了 $Re_\tau = 1160$ 紊动边界层中对数区($y^+ = 110$)及尾流区($y^+ = 575$)内涡旋的方向,发现倾角在对数区内最可能为 38°,在尾流区内最可能为 33°。夏振炎等(2010)通过 PIV 测量了壁面紊流流场($y^+ \leqslant 200$),发现流向涡与壁面倾角约 10°,发夹涡与壁面倾角约 45°。总结可知,关于 $\boldsymbol{\Lambda}_r$ 与 $\boldsymbol{\Omega}$ 的差异及涡旋倾角的研究主要集中于 XZ 面,且分析的垂向平面个数较少,还缺乏 XY 及 YZ 面内的结果。

1.3　本文研究内容

　　由槽道紊流相干结构的综述可知,涡旋结构对紊流及其内部物质输移具有重要的意义,得到广泛的研究。实验及计算机技术的发展,促进了研究人员对涡旋结构的认识。涡旋识别方法从早期的经典直观法,发展至具有伽利略不变性的参数阈值法,其中又以旋转强度法最为著名。遗憾的是,旋转强度法至今仍无理论解;研究者仅凭数值解很难理解旋转强度的来源及外部因素对其的影响；二维和三维旋转强度间的关系及两者差异对涡识别的影响机理仍不明确。

　　鉴于三维涡旋的复杂性，已有文献主要从三个切面对其属性（如数量、尺度及方向）进行研究，并发现了涡旋属性表现出的一些普遍规律。但由于试验、计算工况的不同及涡旋识别方法的差异，还无法同时对三个面内的涡旋数量和尺度进行对比；而对于涡旋的方向，已有研究仅集中于个别高程的水平切面，其他位置处的信息有待填补。

　　综合以上分析，本文研究内容主要分为以下三点：

　　（1）推导旋转强度的理论解，分析二维与三维旋转强度的联系及差异，并应用于研究时均剪切对涡旋识别的影响；

　　（2）应用二维与三维旋转强度理论解提取槽道紊流涡旋结构属性（数量、尺度及方向），并全面比较两者在三个切面内的差异；

　　（3）将旋转强度理论解应用于具有工程意义的方腔槽道紊流中，识别涡旋结构及大尺度环流，并建立方腔槽道紊流相干结构的唯象模型。

第2章 涡旋旋转强度的理论解及应用

2.1 旋转强度理论解

旋转强度 λ_{ci} 是指速度梯度张量的共轭复特征值的虚部,能够反映涡旋的强度及旋转运动所在的局部平面,故可以用来提取涡旋所在区域。到目前为止,求解 λ_{ci} 的普遍方法还是应用数值特征分解。令 $A_{ij} = \partial u_i / \partial x_j$ $(i, j = 1, 2, 3,$ 其中 $1, 2, 3$ 分别表示沿 x, y, z 方向)是三维流场中某点 x 的速度梯度张量 $\boldsymbol{A}(x) = \nabla \boldsymbol{u}$,应用特征分解可以求得张量 $\boldsymbol{A}$ 的三个特征值及三个相应的特征向量。如果特征值中存在复数根,则表明 x 点周围存在着局部旋转运动,在此情况下,速度梯度张量可进行如下特征分解(Zhou et al.,1999):

$$\boldsymbol{A} = \begin{bmatrix} \boldsymbol{\Lambda}_r \boldsymbol{\Lambda}_{cr} \boldsymbol{\Lambda}_{ci} \end{bmatrix} \begin{bmatrix} \lambda_r & 0 & 0 \\ 0 & \lambda_{cr} & \lambda_{ci} \\ 0 & -\lambda_{ci} & \lambda_{cr} \end{bmatrix} \begin{bmatrix} \boldsymbol{\Lambda} \boldsymbol{\Lambda}_{cr} \boldsymbol{\Lambda}_{ci} \end{bmatrix}^{-1} \tag{2.1}$$

其中 λ_r 是实特征值,而 $\lambda_{cr} \pm i\lambda_{ci}$ 是共轭的复特征值,三根对应的特征向量分别为 $\boldsymbol{\Lambda}_r$ 及 $\boldsymbol{\Lambda}_{cr} \pm i\boldsymbol{\Lambda}_{ci}$。

虽然进行矩阵 $\boldsymbol{A}$ 的特征分解比较容易,但数值解并不能为旋转强度的参数依赖性(由什么参数构成,受什么参数影响)提供任何信息,而且当流场内计算点数较多时,会带来较大的计算量。有鉴于此,针对可压及不可压流动,本文给出旋转强度的理论解,可为以后的理论分析提供基础并减少相应的计算量。

三维可压流中某点 x 的速度梯度张量 $\boldsymbol{A}$ 的特征方程为:

$$\lambda^3 + P\lambda^2 + Q\lambda + R = 0 \tag{2.2}$$

其中 $P = -\mathrm{tr}(\boldsymbol{A})$,$Q = 0.5\mathrm{tr}(P^2 - \boldsymbol{A}\boldsymbol{A})$,$R = -\det(\boldsymbol{A})$;$P$、$Q$ 及 R 即为第一、第二及第三不变量。可以利用卡丹(Cardano)公式(Jacobson,1985)求解此一元三次方程,令 $t = \lambda - P/3$ 并代入式(2.2)可得:

$$t^3 + pt + q = 0 \tag{2.3}$$

其中 $p=Q-P^2/3,q=R-PQ/3-2P3/27$。将 $t=\zeta+\eta$ 代入式(2.3)可得:

$$\zeta^3+\eta^3+q+(\zeta+\eta)(3\zeta\eta+p)=0 \tag{2.4}$$

在不失普遍性的前提下,令 $3\zeta\eta+p=0$,结合式(2.4)可以得到 ζ^3 的二次方程(Jacobson,1985):

$$(\zeta^3)^2+q(\zeta^3)-p^3/27=0 \tag{2.5}$$

式(2.5)可以很容易求解,由于 ζ 和 η 的对称性,不妨设 $\zeta^3=-q/2+$ sqrt(Δ)及 $\eta^3=-q/2-$sqrt(Δ),其中判别式 $\Delta=(q/2)^2+(p/3)^3$。当判别式 $\Delta>0$ 时,式(2.2)存在一个实根和一对共轭的复数根:

$$\begin{cases} \lambda_1=\zeta+\eta+P/3 \\ \lambda_2=\varphi\zeta+\varphi^2\eta=-(\zeta+\eta)/2+P/3+i\sqrt{3}(\zeta-\eta)/2 \\ \lambda_3=\varphi^2\zeta+\varphi\eta=-(\zeta+\eta)/2+P/3-i\sqrt{3}(\zeta-\eta)/2 \end{cases} \tag{2.6}$$

其中 φ 是单位三次本原根。对比式(2.1)可以得到,$\lambda_{r3D}=\zeta+\eta+P/3$,$\lambda_{cr3D}=-(\zeta+\eta)/2+P/3$ 及 $\lambda_{ci3D}=\sqrt{3}(\zeta-\eta)/2$。容易证明,$\forall \zeta,\eta\in R,\lambda_{ci3D}>0$。

当流体为不可压介质时,$P=0$。特征方程简化为 $\lambda^3+Q\lambda+R=0$,其中 $p=Q,q=R$。λ_{r3D}、λ_{cr3D} 及 λ_{ci3D} 的表达式为:

$$\begin{cases} \lambda_{r3D}=\zeta+\eta \\ \lambda_{cr3D}=-(\zeta+\eta)/2 \\ \lambda_{ci3D}=\sqrt{3}(\zeta-\eta)/2 \end{cases} \tag{2.7}$$

其中 $\zeta=\sqrt[3]{-R/2+\sqrt{(R/2)^2+(Q/3)^3}}$,$\eta=\sqrt[3]{-R/2-\sqrt{(R/2)^2+(Q/3)^3}}$,$R=-\det(A)$,$Q=0.5\mathrm{tr}(-AA)$。

当仅利用二维平面内速度分量(如平面 PIV)进行涡旋识别时,二维速度梯度张量可以表示为 $A=\partial u_i/\partial x_j(i,j=1,2$ 或 $1,3$ 或 $2,3)$,对应的特征方程为:

$$\lambda^2+C\lambda+D=0 \tag{2.8}$$

其中 $C=-\mathrm{tr}(A),D=\det(A)$。判别式 $\Delta=C^2-4D$,当 $\Delta<0$ 时,式(2.8)存在一对共轭的复数根,即

$$\begin{cases} \lambda_{cr2D}=-C/2 \\ \lambda_{ci2D}=\sqrt{-\Delta}/2 \end{cases} \tag{2.9}$$

式(2.9)与 Hutchins et al.(2005)一致。当切面内流动为纯二维不可压流动($C=0$)且 $D>0$ 时,$\lambda_{cr2D}=0,\lambda_{ci2D}=\sqrt{D}/2$。

综合以上结论可知,对于三维流场数据,可采用式(2.7)计算旋转强度;

对于利用二维 PIV 获得的流场数据,可采用式(2.9)计算旋转强度。为下文表述方便,将从三维速度梯度矩阵计算得到的旋转强度称为"三维旋转强度",同理命名"二维旋转强度"。

2.2 二维与三维旋转强度的分析

虽然直接数值模拟 DNS 技术早已成熟,但鉴于其计算的复杂性、高耗时、对计算机硬件的高要求及模拟工况的简单性,其使用范围比较局限;同样,三维流场测量的层析及立体 PIV 技术也早已问世,但鉴于设备的昂贵及复杂性,其使用并不广泛。

由于设备及操作的相对简易性,且测量精度较高,平面二维 PIV 被广泛使用在流体测速领域。但由于平面 PIV 仅能测量平面内的流速分量,只有那些与测量平面间夹角较大的涡旋结构才会被提取出来,故从二维流场中提取相干结构的方法不可避免地存在一定的偏移误差(Camussi 和 Di Felice,2006)。由于涡旋结构的鉴别主要是建立在旋转强度基础上,故分析二维及三维旋转强度的差异,就能帮助我们理解从二维及三维流场中提取的涡旋结构间的差异。

2.2.1 DNS 槽道数据简介

本文使用的槽道紊流数据来自 Del Alamo et al. 于 2004 年进行直接数值模拟(DNS)的数据。Del Alamo et al.(2004)通过 DNS 来计算槽道紊流中(尤其是缓冲层内)脉动流速的能谱及相关函数,当时计算了两种系列,系列 1 的计算区域大于系列 2。本文使用系列 1 中摩阻雷诺数最大的 L950 组次,由于该组次能模拟出槽道紊流中的几乎所有的含能结构,甚至包括尺度与槽道高度相近的大尺度结构,被广泛应用于相干结构的研究中(Del Alamo et al.,2006;Saikrishnan et al.,2006;Herpin et al.,2010;Gao et al.,2011)。

为便于读者对该数值模拟的槽道紊流数据有一定的了解,在此进行简单介绍。x、y 及 z 分别对应流向(沿水流方向)、垂向(垂直于床面向上)及展向(槽道展宽方向),三个方向的瞬时流速分别为 $\bar{u}$、$\bar{v}$、$\bar{w}$,时均流速分别为 U、V、W,脉动流速分别为 u、v、w,瞬时涡量分别为 Ω_x、Ω_y、Ω_z,脉动涡量分别为 ω_x、ω_y、ω_z。Del Alamo et al.(2004)采用与 Kim et al.(1987)一致的方法,将纳维尔-斯托克斯(Navier-Stokes)方程以垂向涡量及垂向速度的拉普拉斯形式进行数值积分;采用去混淆的傅里叶展开式对流向及展向方向进行空间离散;采用切比雪夫多项式对垂向方向进行空间离散;时间离散采用 Moser et al. (1999)的三阶半隐式龙格-库塔法。

此 L950 组次的摩阻雷诺数 $Re_\tau = u_\tau h/\nu = 934$,其中 u_τ 是摩阻流速,h 是槽道半高,ν 是运动黏滞系数。模拟区域在三个方向的尺寸分别为 $L_x = 8\pi h$、$L_y = 2h$ 及 $L_z = 3\pi h$,计算区域被离散成 $3072(x) \times 385(y) \times 2304(z)$ 个网格点;本文结果的计算区域为 $16\pi h/3(x) \times 1h(y) \times 2\pi h(z)$,相应的网格点为 $2048(x) \times 193(y) \times 1536(z)$,每个网格点都包含 3 个流速分量及对应的 9 个流速梯度的信息。值得注意的是,由于流向及展向的均匀性假定,采用均匀间距对 x、z 方向网格进行离散;为更好地分辨近壁区内的速度梯度,床面附近采用垂向细网格,故垂向网格间距从槽道中心递减至床面。计算区域及参数信息见图 2.1 及表 2-1,其中 Δx、Δz 是 x、z 方向的网格分辨率,N_x 和 N_z 是对应的网格数,Δy_c 是槽道中心的网格分辨率,N_y 是切比雪夫多项式的点数;上标"十"表示用内尺度(u_τ 和 ν)进行无量纲化,如 $\Delta x^+ = \Delta x u_\tau/\nu$。

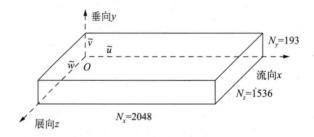

图 2.1　DNS 槽道紊流的计算区域

表 2-1　DNS 槽道紊流计算参数

	L_x/h	L_z/h	L_y/h	Δx^+	Δz^+	Δy_c^+	N_x	N_z	N_y
原始	8π	3π	2	7.6	3.8	7.6	3072	2304	385
本文	$16\pi/3$	2π	1	7.6	3.8	7.6	2048	1536	193

在统计单个网格点的参数时,垂向网格的不均匀性不会对结果产生任何影响;但当进行涡旋的识别和提取时,近壁区细密的网格分辨率会导致涡旋识别的数量增加,而无法与其他垂向位置在同一条件下进行比较,故必须将原始垂向网格数据插值到均匀网格。与 Herpin et al. (2010)一致,采用二维双三次样条插值法将原始 XY 及 YZ 面内的速度场插值到均匀网格。为尽量保证平面内两方向网格间距的一致性,插值后的 XY 内垂向网格间

距为 $\Delta y^+ = 7.6$（与 Δx^+ 一致），而插值后的 YZ 面内垂向网格间距为 $\Delta y^+ = 3.8$（与 Δz^+ 一致）。由于原始 XZ 面内的网格间距沿垂向不发生变化，故没有进行插值，原始网格间距为 $\Delta x^+ = 7.6$、$\Delta z^+ = 3.8$。共有 30 与个时间无关的瞬时三维流场可用，在每个瞬时的三维流场中，以无量纲间距 38 抽取 XY 面，以无量纲间距 76 抽取 YZ 面，总共提取了 153×30 个 XY 面、204×30 个 YZ 面及 193×30 个 XZ 面，每个面内分别对应有 2048×124、245×1536 和 2048×1536 个网格点。插值后的 XY 和 YZ 面和原始的 XZ 面的参数归纳见表 2-2。下文中如不详细交代，则默认使用原始数据统计单个点的参数，而使用插值后的数据进行涡旋识别。

表 2-2　DNS 槽道紊流中 3 个正交平面内的数据参数

平面	网格间距		网格点数		平面个数
XY	$\Delta x^+ = 7.6$	$\Delta y^+ = 7.6$	$N_x = 2048$	$N_y = 124$	153×30
YZ	$\Delta y^+ = 3.8$	$\Delta z^+ = 3.8$	$N_y = 245$	$N_z = 1536$	204×30
XZ	$\Delta x^+ = 7.6$	$\Delta z^+ = 3.8$	$N_x = 2048$	$N_z = 1536$	193×30

2.2.2　两者的统计值比较

本小节主要分析二维和三维旋转强度统计值（均值、均方根、极大值及概率密度分布）间的差异。定义 λ_{ciYZ}、λ_{ciXZ} 及 λ_{ciXY} 分别为从 YZ、XZ 及 XY 面内的二维流速场计算得到的二维旋转强度；λ_{ci3D} 为从三维流速场计算得到的三维旋转强度。

利用 Del Alamo et al.(2004) 的 $Re_\tau = 934$ 的三维 DNS 槽道紊流数据进行统计，由于该槽道紊流沿流向（x）及展向（z）为均匀紊流，故计算均值时沿时间及 XZ 面进行平均。图 2.2 给出了二维及三维旋转强度的均值沿垂向的变化，由于旋转强度具有 s^{-1} 量纲，故用 ν/u_τ^2 进行无量纲化。二维及三维旋转强度的均值沿垂向表现出相似的变化趋势，即在近壁区（$y^+ < 25$）内 λ_{ciYZ}、λ_{ciXZ} 及 λ_{ci3D} 的均值沿垂向不断增加直至达到最大值，但 λ_{ciXY} 在 $y^+ = 8$ 时达到最大值；此后四者的均值都沿垂向不断减小。对于与测量面夹角较小的涡旋，二维旋转强度的计算值为零，而三维旋转强度可以识别任意方向的涡旋，故导致三维旋转强度的均值是二维均值的两倍以上。

由 Marusic 和 Adrian(2013) 可知，壁面紊流可分为以下四区：黏性底层（$y^+ < 5$）、缓冲层（$5 < y^+ < 30$）、对数区（$30 < y^+ < 0.15Re_\tau$）及尾流区（$y^+ > 0.15Re_\tau = 140$）。由图 2.2 可知，对于三个二维分量，λ_{ciXY}^{mean} 在黏性底层内最

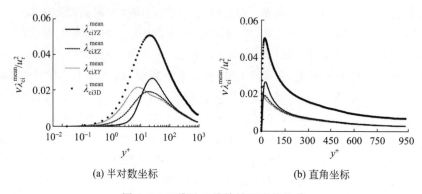

图 2.2　二维及三维旋转强度的均值

大,而 $\lambda_{\mathrm{ci}YZ}^{\mathrm{mean}}$ 在缓冲层及对数区内最大,但三者在尾流区的强度基本一致。可以推测,展向涡旋在黏性底层内占优,而流向涡旋在对数及缓冲层内占优,而在尾流区内三者分布机会均等。

图 2.3 给出了旋转强度的均方根沿垂向的分布。与图 2.2 对比可知,除了数值存在差异外(均方根为均值的 2 倍左右),两图的规律基本一致。由于均方根是序列平方和的均值的开方,体现为能量的均值。对于同号(同是非正数或同是非负数)的序列,均值与均方根表现出一定的相似性。所以 Wu 和 Christensen(2006)用均方根归一化旋转强度,而 Chen et al.(2014b)用均值归一化旋转强度,都取得了较好的效果;其实本质原因是,旋转强度的均值及均方根的变化趋势是一致的。

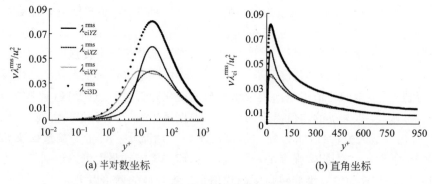

图 2.3　二维及三维旋转强度的均方根

在已发表文献中,经常用 10%～20% 的旋转强度极大值的等值面图来可视化三维涡旋结构,如 Zhou et al.(1999)。旋转强度的极大值沿垂向的分布见图 2.4。虽然旋转强度极大值的分布曲线较为散乱,其趋势基本与图 2.2 及图 2.3 一致,但其数值是均值及均方根的几十倍(二、三维分别为 50 倍、30 倍左右)。从图 2.4 中还可以发现,二维旋转强度的值都小于等于三维旋转强度,此结论将在下一小节中进行推导证明。

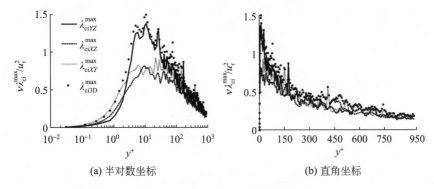

(a) 半对数坐标　　　　　　　　　(b) 直角坐标

图 2.4　二维及三维旋转强度的极大值

由上文可知,旋转强度的数值沿垂向分布不均匀,为获得统一分布的概率密度分布,参考 Wu 和 Christensen(2006)的方法,用其均方根进行归一化。图 2.5(a)~(c)为二维旋转强度在不同垂向位置处的概率密度分布,为清晰显示仅给出 6 个(黏性底层内 1 点,缓冲层内 1 点,对数区内 1 点及尾流区内 3 点)位置处的信息。

与 Wu 和 Christensen(2006)一致,图 2.5(a)中的概率密度分布曲线基本重合在了一起,均方根归一化的方法很好地消除了 λ_{ciXY} 数值在垂向分布不均匀的影响。图 2.5(b)中的概率密度曲线重合得更为紧密;图 2.5(c)中虽然当 $y^+ > 5$ 后,概率密度分布曲线都重合在了一起,但 $y^+ \leqslant 5$ 的曲线却位于整体趋势线外。这种偏离的现象应该与涡旋的分布规律相关,因为 λ_{ciYZ} 被用来识别准流向涡旋,流向涡旋主要分布在缓冲层及对数区,较少存在于黏性底层,所以导致黏性底层内的概率密度分布区别于其他区域。

图 2.5(d)为三维旋转强度沿垂向的概率密度分布,为比较二维与三维概率密度的不同,也同时给出了图 2.5(a)~(c)内概率密度的均值。三条二维旋转强度概率密度分布的均值曲线基本重合在了一起,故在以后的涡旋识别中,可应用统一的阈值(如 $\lambda_{ci2D}/\lambda_{ci2D}^{rms} = 1.5$)对三个相互垂直平面内的二维涡旋进行提取。归一化的三维概率密度分布曲线也很好地相互重合,三维曲线的变化趋势基本与二维一致,但显得更为“高瘦”,即其数值在

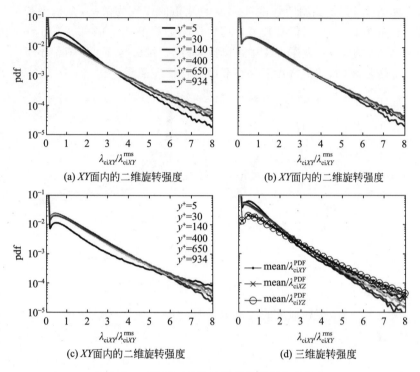

图 2.5　二维及三维旋转强度的概率密度分布

$\lambda_{ci3D}/\lambda_{ci3D}^{rms} < 3$ 区间内小于二维 pdf，而在 $\lambda_{ci3D}/\lambda_{ci3D}^{rms} > 3$ 区间内大于二维 pdf。如果采用与二维情况相同的阈值进行三维涡识别，如 $\lambda_{ci3D}/\lambda_{ci3D}^{rms} = 1.5$，则相对于二维涡旋，一部分的强度较弱的三维涡旋将不会被提取出来。

2.2.3　两者的代数关系

由于旋转强度不是矢量，二维旋转强度并不是三维旋转强度在对应平面内的投影，导致二维与三维旋转强度间的关系更为复杂。

推导可知，不可压三维紊流中，3 个二维旋转强度的平方和为：

$$(\lambda_{ciXY})^2 + (\lambda_{ciYZ})^2 + (\lambda_{ciXZ})^2$$
$$= \det(\boldsymbol{A}_{XY} + \boldsymbol{A}_{YZ} + \boldsymbol{A}_{XZ}) - \frac{1}{4}\left[\left(\frac{\partial \tilde{u}}{\partial x}\right)^2 + \left(\frac{\partial \tilde{v}}{\partial y}\right)^2 + \left(\frac{\partial \tilde{w}}{\partial z}\right)^2\right]$$

$$(2.10)$$

其中 $\boldsymbol{A}_{XY}$、$\boldsymbol{A}_{YZ}$ 和 $\boldsymbol{A}_{XZ}$ 分别为 XY、YZ 及 XZ 面内的二维流速梯度张量。

简单推导可知：

$$Q = -0.5\mathrm{tr}(\boldsymbol{A}_{3D}\boldsymbol{A}_{3D}) = \det(\boldsymbol{A}_{XY} + \boldsymbol{A}_{YZ} + \boldsymbol{A}_{XZ}) \qquad (2.11)$$

其中 $\boldsymbol{A}_{3D}$ 是三维流速梯度张量。

由 Chakraborty et al. (2005) 的研究结果可知:

$$Q = (\lambda_{ci3D})^2 - 3(\lambda_{cr3D})^2 \qquad (2.12)$$

结合式(2.10)、式(2.11)及式(2.12)可得:

$$(\lambda_{ciXY})^2 + (\lambda_{ciYZ})^2 + (\lambda_{ciXZ})^2 + 3(\lambda_{cr3D})^2 +$$

$$\frac{1}{4}\left[\left(\frac{\partial \bar{u}}{\partial x}\right)^2 + \left(\frac{\partial \bar{v}}{\partial y}\right)^2 + \left(\frac{\partial \widetilde{w}}{\partial z}\right)^2\right] = (\lambda_{ci3D})^2 \qquad (2.13)$$

由式(2.13)可知,三维旋转强度的平方要大于 3 个二维旋转强度的平方和。Chakraborty et al. (2005) 认为 λ_{cr3D} 代表了局部旋转运动的模式:当 $\lambda_{cr3D} > 0$ 时,涡旋平面内的流体质点向外旋转,类似于势流理论中的点源与涡叠加;当 $\lambda_{cr3D} < 0$ 时,流体质点向内旋转,类似于点汇与涡叠加;当 $\lambda_{cr3D} = 0$ 时,流体质点沿纯圆轨迹运动,类似于势流涡。$\partial \bar{u}/\partial x$、$\partial \bar{v}/\partial x$ 及 $\partial \widetilde{w}/\partial x$ 为流体微团的线变形率。所以当涡旋的运动轨迹为纯圆且其线变形率为零时,旋转强度将表现得如矢量一般。

式(2.13)在空间任意点都成立,统计每个垂向高度处所有点的均方根值,可以得到:

$$f(\lambda_{ci2D}^{rms}) + 3(\lambda_{cr3D}^{rms})^2 + g(\mathrm{strain}) = (\lambda_{ci3D}^{rms})^2 \qquad (2.14)$$

其中,$f(\lambda_{ci2D}^{rms}) = (\lambda_{ciXY}^{rms})^2 + (\lambda_{ciYZ}^{rms})^2 + (\lambda_{ciXZ}^{rms})^2$,$g(\mathrm{strain}) = \frac{1}{4}\left[\left(\left(\frac{\partial \bar{u}}{\partial x}\right)^{rms}\right)^2 + \left(\left(\frac{\partial \bar{v}}{\partial y}\right)^{rms}\right)^2 + \left(\left(\frac{\partial \widetilde{w}}{\partial z}\right)^{rms}\right)^2\right]$,上标 rms 表示计算该项的均方根。

图 2.6(a)验证了式(2.14)的正确性,可以发现,$f(\lambda_{ci2D}^{rms})$ 与 $(\lambda_{ci3D}^{rms})^2$ 间的差异较小。

为进一步验证式(2.13)中各项(λ_{ci2D}、λ_{cr3D} 及线变形率)占三维旋转强度的比重,定义三种比重 PR 分别为:

$$PR(\lambda_{ci2D}) = \frac{1}{N}\sum_{1}^{N}\frac{(\lambda_{ciXY})^2 + (\lambda_{ciYZ})^2 + (\lambda_{ciXZ})^2}{(\lambda_{ci3D})^2} \times 100\% \qquad (2.15a)$$

$$PR(\lambda_{cr3D}) = \frac{1}{N}\sum_{1}^{N}\frac{3(\lambda_{cr3D})^2}{(\lambda_{ci3D})^2} \times 100\% \qquad (2.15b)$$

$$PR(\mathrm{strain}) = \frac{1}{N}\sum_{1}^{N}\frac{\frac{1}{4}\left[\left(\frac{\partial \bar{u}}{\partial x}\right)^2 + \left(\frac{\partial \bar{v}}{\partial y}\right)^2 + \left(\frac{\partial \widetilde{w}}{\partial z}\right)^2\right]}{(\lambda_{ci3D})^2} \times 100\% \quad (2.15c)$$

其中,N 为每个垂向高度处统计点的个数。

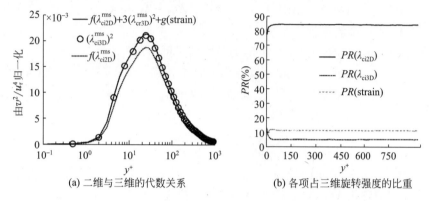

(a) 二维与三维的代数关系 　　(b) 各项占三维旋转强度的比重

图 2.6　二维旋转强度与三维旋转强度的对比

图 2.6(b)给出了三种比重沿垂向的变化。在缓冲层内($y^+ \leqslant 30$)，$PR(\lambda_{ci2D})$和$PR(\text{strain})$呈现出略微的增长，而$PR(\lambda_{cr3D})$则有所下降；在对数区及尾流区内($y^+ > 30$)，三者几乎保持恒定的数值。按所占比重从大到小排序，$PR(\lambda_{ci2D})$、$PR(\text{strain})$及 $PR(\lambda_{cr3D})$分别为 84％、11％及 5％；可知，二维旋转强度的平方和占了三维旋转强度平方的绝大部分比重，其他两项所占比重很小，其中λ_{cr3D}的比重约为线变形率的一半。故三维旋转强度的平方与 3 个二维旋转强度的平方和之间的差异较小。

2.2.4　两者比值与涡旋倾角的关系

由 2.2.3 节可知，三维旋转强度的平方大于 3 个二维旋转强度的平方和，故三维旋转强度的数值大于等于任何一个二维旋转强度，本小节进一步研究每个二维旋转强度单独与三维旋转强度的关系。

Ganapathisubramani et al.(2006)利用毕奥-萨法尔定理计算了由理想发夹涡模型诱导产生的速度场条件下二、三维旋转强度的比值 $\lambda_{ciXZ}/\lambda_{ci3D}$ 与发夹涡倾角 α_{xz} 间的关系，得到如下表达式：

$$\lambda_{ciXZ}/\lambda_{ci3D} = \sin(|\alpha_{xz}|) \tag{2.16}$$

其中α_{xz}为垂向涡旋的旋转方向与 XZ 面间的倾角，其具体计算方法见 4.1 节。

其后他们进行了零压力梯度边界层的气流试验，摩阻雷诺数为 $Re_\tau = 1160$，利用双平面 PIV 测量了两个垂向位置($y^+ = 110$、575)处 XZ 面内的 3 个速度分量。通过统计涡旋区域内两旋转强度的比值与涡旋倾角的信息，发现试验结果和理论公式符合的很好。但 Ganapathisubramani et al.

（2006）存在的不足是，仅统计了 XZ 面内的信息，而且仅测量了两个垂向位置处的流场，该结果是否适用于其他垂向位置处的垂向涡旋及其他两个面内的流向、展向涡旋还有待检验。

　　为验证此正弦关系的普适性，利用 DNS 槽道紊流数据计算了三个平面内两旋转强度比值与对应涡旋倾角的联合概率密度分布，见图 2.7～图 2.9。

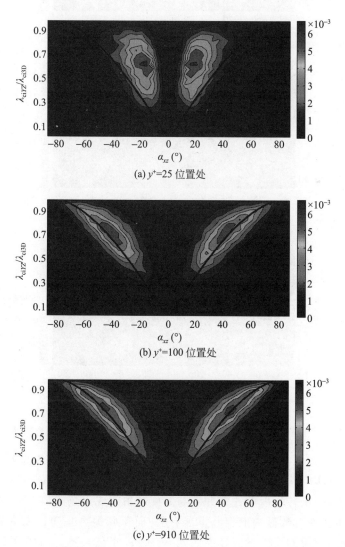

图 2.7　二维与三维旋转强度的比值 $\lambda_{ciXZ}/\lambda_{ci3D}$ 与涡旋倾角 α_{xz} 的联合概率密度分布

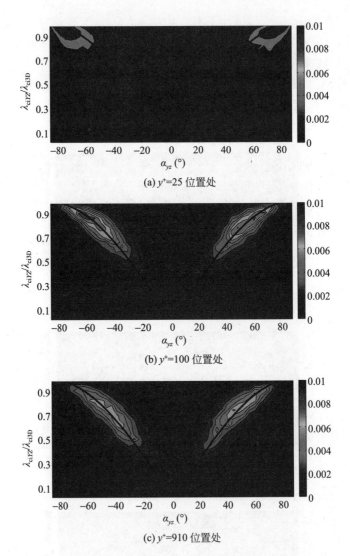

(a) y^+=25 位置处

(b) y^+=100 位置处

(c) y^+=910 位置处

图 2.8　二维与三维旋转强度的比值 $\lambda_{ciYZ}/\lambda_{ci3D}$ 与涡旋倾角 α_{yz} 的联合概率密度分布

　　图 2.7 为 $\lambda_{ciXZ}/\lambda_{ci3D}$ 与 α_{xz} 的联合概率密度分布,图中黑实线为 $\lambda_{ciXZ}/\lambda_{ci3D}=$ $\sin(|\alpha_{xz}|)$,限于篇幅,仅给出了几个代表位置的结果。当 $y^+<30$ 时,即在缓冲层内,两旋转强度的比值并不与涡旋倾角间成正弦函数关系,这应该与发夹涡主要在对数区内产生并发展有关,而正弦关系是通过发夹涡模型推导得到的,故缓冲层内没有发夹涡就不存在此正弦关系。由图 2.7(b)、(c)可知,在对数区及尾流区内,式(2.16)与计算结果吻合良好。通过图 2.7 还

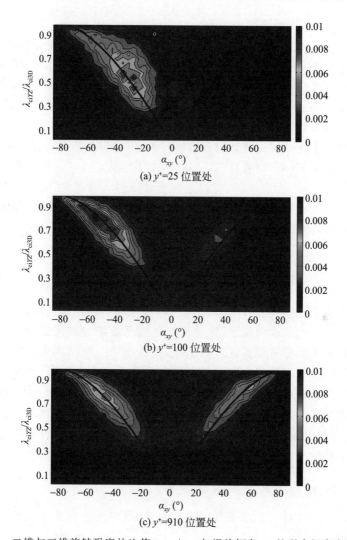

(a) y^+=25 位置处

(b) y^+=100 位置处

(c) y^+=910 位置处

图 2.9　二维与三维旋转强度的比值 $\lambda_{ciXY}/\lambda_{ci3D}$ 与涡旋倾角 α_{xy} 的联合概率密度分布

可以发现,垂向涡旋与 XZ 面的倾角从缓冲层至对数区不断增加,而在尾流区趋于稳定。

图 2.8 为 YZ 面内两旋转强度比值与涡旋倾角的关系,黑实线为 $\lambda_{ciYZ}/\lambda_{ci3D}=\sin(|\alpha_{yz}|)$,其中 α_{yz} 为流向涡旋的旋转方向与 YZ 面间的倾角。可见,理论曲线与统计结果基本一致,虽然在缓冲层内主要以流向涡为主,表现为流向涡与 YZ 面间的倾角集中在 $90°$ 附近,见图 2.8(a),但此正弦关系仍然成立。在对数及尾流区内,理论曲线与统计结果吻合良好,还可发现流

向涡旋与 YZ 面的倾角沿垂向存在减小的趋势。

图 2.9 为 XY 面内 $\lambda_{ciXY}/\lambda_{ci3D}$ 与 α_{xy} 的联合概率密度分布,图中黑实线为 $\lambda_{ciXY}/\lambda_{ci3D}=\sin(|\alpha_{xy}|)$,$\alpha_{xy}$ 为展向涡旋的旋转方向与 XY 面间的倾角。由于 XY 面内近壁区的时均剪切很强,旋转方向与时均剪切方向相反的涡旋($\alpha_{xy}>0$)被抑制,表现为图 2.9(a)中该旋转方向的涡旋个数几乎为零;随着时均剪切沿垂向的减弱,该旋转方向的涡旋数量逐渐增大,见图 2.9(b)、(c)。虽然旋转方向不同的涡旋统计的数量不对称,但它们都基本符合理论曲线。

综合图 2.7~图 2.9,我们可以得到如下公式:

$$\lambda_{ci2D}/\lambda_{ci3D}=\sin(|\alpha|) \tag{2.17}$$

其中 α 为涡旋的旋转方向与对应平面间的倾角。除了缓冲层内的垂向涡旋外,式(2.17)在槽道流中具有普适性。

2.3　时均剪切对涡识别的影响

用于提取涡旋的流场主要分为两种,即瞬时流场或者脉动流场。瞬时流场是瞬时速度构成的流场,脉动流场是应用雷诺分解得到的流场。已有文献中两种流场都被用来进行涡识别,但关于哪一种流场能更真实地反映物理本质一直存在着争论。本文无法完全解决这个问题,只是通过应用旋转强度的理论解,对这个问题给出一定的解释和探讨。瞬时流场可以分解为脉动流场与时均剪切流场。同理,本文将二维 Oseen 涡(或三维 Burgers 涡)认为是脉动流场,叠加某一时均剪切流场后构成瞬时流场,通过应用旋转强度的理论公式进行求解,就可以推求两种流场的差异。

2.3.1　二维槽道及 Oseen 涡案例

对于充分发展的二维不可压槽道紊流,瞬时及脉动流速梯度张量可以表示为:

$$\boldsymbol{A}_t=\begin{bmatrix}\partial u/\partial x & \partial(u+U)/\partial y\\\partial v/\partial x & \partial v/\partial y\end{bmatrix},\quad \boldsymbol{A}_f=\begin{bmatrix}\partial u/\partial x & \partial u/\partial y\\\partial v/\partial x & \partial v/\partial y\end{bmatrix} \tag{2.18}$$

其中下标 t 和 f 分别表示瞬时及脉动,由式(2.9)可得两张量的旋转强度分别为:

$$\begin{cases}\lambda_{ci,f}^{2D}=\sqrt{\sqrt{\dfrac{\partial u}{\partial x}\dfrac{\partial v}{\partial y}-\dfrac{\partial v}{\partial x}\dfrac{\partial u}{\partial y}}}\\[4mm]\lambda_{ci,t}^{2D}=\sqrt{\sqrt{\dfrac{\partial u}{\partial x}\dfrac{\partial v}{\partial y}-\dfrac{\partial v}{\partial x}\dfrac{\partial u}{\partial y}-\dfrac{\partial v}{\partial x}\dfrac{\partial U}{\partial y}}}\end{cases} \tag{2.19}$$

由上式可知，$(\lambda_{ci,f}^{2D})^2 = (\lambda_{ci,t}^{2D})^2 + \dfrac{\partial v}{\partial x}\dfrac{\partial U}{\partial y}$，所以时均剪切通过 $\dfrac{\partial v}{\partial x}\dfrac{\partial U}{\partial y}$ 项影响二维流场中的涡旋识别。

令二维脉动流场为一个绕 z 轴旋转的 Oseen 涡，其表达式为：

$$\begin{cases} u = \dfrac{\Gamma}{2\pi}\left[1 - \exp\left(-\dfrac{x^2+y^2}{r_0^2}\right)\right]\dfrac{-y}{x^2+y^2} \\[4mm] v = \dfrac{\Gamma}{2\pi}\left[1 - \exp\left(-\dfrac{x^2+y^2}{r_0^2}\right)\right]\dfrac{x}{x^2+y^2} \end{cases} \tag{2.20}$$

其中 Γ 是涡旋的环量，当 $\Gamma > 0$ 时涡旋沿逆时针方向旋转，反之沿顺时针方向旋转；r_0 是涡旋的半径。涡旋中心的涡量 $\omega_z = \Gamma/(\pi r_0^2)$。

将均剪切场 $\partial U/\partial y > 0$ 叠加至该脉动 Oseen 涡流场中，形成瞬时流场。这与已发表文献（Wu，Christensen，2006）表述一致，当涡旋旋转方向与时均剪切方向（顺时针）一致时，称其为正向涡（prograde vortex），反之称其为逆向涡（retrograde vortex）。为简化分析，仅计算涡旋中心处的旋转强度，表达式为：

$$\begin{cases} \lambda_{ci,f}^{2D}(0,0) = \dfrac{|\Gamma|}{2\pi r_0^2} \\[4mm] \lambda_{ci,t}^{2D}(0,0) = \sqrt{\dfrac{\Gamma}{2\pi r_0^2}\left(\dfrac{\Gamma}{2\pi r_0^2} - \dfrac{\partial U}{\partial y}\right)} \end{cases} \tag{2.21}$$

由于 $\lambda_{ci,f}^{2D}(0,0) > 0$，故脉动流场总能检测出正、逆向涡旋的中心；当 $\Gamma < 0$ 时，$\lambda_{ci,t}^{2D}(0,0) > 0$，故瞬时流场可以检测出正向涡；当 $\Gamma > 0$ 且 $\dfrac{\partial U}{\partial y} > \dfrac{\Gamma}{2\pi r_0^2}$ 时，$\lambda_{ci,t}^{2D}(0,0)$ 为复数（与 $\lambda_{ci} > 0$ 矛盾），故瞬时流场无法检测出此时的逆向涡。

2.3.2　三维槽道及 Burgers 涡案例

对于充分发展的三维不可压槽道紊流，瞬时及脉动流速梯度张量可以表示为：

$$\boldsymbol{A}_t = \begin{bmatrix} \partial u/\partial x & \partial(u+U)/\partial y & \partial u/\partial z \\ \partial v/\partial x & \partial v/\partial y & \partial v/\partial z \\ \partial w/\partial x & \partial w/\partial y & \partial w/\partial z \end{bmatrix}, \quad \boldsymbol{A}_f = \begin{bmatrix} \partial u/\partial x & \partial u/\partial y & \partial u/\partial z \\ \partial v/\partial x & \partial v/\partial y & \partial v/\partial z \\ \partial w/\partial x & \partial w/\partial y & \partial w/\partial z \end{bmatrix}$$
$$\tag{2.22}$$

由式（2.7）可得两张量的旋转强度分别为：

$$
\begin{cases}
\lambda_{\mathrm{ci,f}}^{\mathrm{3D}} = \dfrac{\sqrt{3}}{2}\Bigg[\sqrt[3]{-R_{\mathrm{f}}/2 + \sqrt{(R_{\mathrm{f}}/2)^2 + (Q_{\mathrm{f}}/3)^3}} - \\
\qquad\qquad\qquad \sqrt[3]{-R_{\mathrm{f}}/2 - \sqrt{(R_{\mathrm{f}}/2)^2 + (Q_{\mathrm{f}}/3)^3}}\ \Bigg] \\[2ex]
\lambda_{\mathrm{ci,t}}^{\mathrm{3D}} = \dfrac{\sqrt{3}}{2}\Bigg[\sqrt[3]{-R_{\mathrm{t}}/2 + \sqrt{(R_{\mathrm{t}}/2)^2 + (Q_{\mathrm{t}}/3)^3}} - \\
\qquad\qquad\qquad \sqrt[3]{-R_{\mathrm{t}}/2 - \sqrt{(R_{\mathrm{t}}/2)^2 + (Q_{\mathrm{t}}/3)^3}}\ \Bigg]
\end{cases}
\tag{2.23}
$$

其中 $Q_{\mathrm{f}} = 0.5\,\mathrm{tr}(-\boldsymbol{A}_{\mathrm{f}}\boldsymbol{A}_{\mathrm{f}})$，$R_{\mathrm{f}} = -\det(\boldsymbol{A}_{\mathrm{f}})$，$Q_{\mathrm{t}} = Q_{\mathrm{f}} - \dfrac{\partial v}{\partial x}\dfrac{\partial U}{\partial y}$，$R_{\mathrm{t}} = R_{\mathrm{f}} + \dfrac{\partial U}{\partial y}\left(\dfrac{\partial v}{\partial x}\dfrac{\partial w}{\partial z} - \dfrac{\partial v}{\partial z}\dfrac{\partial w}{\partial x}\right)$。

由上式可知，在充分发展的三维槽道紊流中，时均剪切通过 $\dfrac{\partial v}{\partial x}\dfrac{\partial U}{\partial y}$ 和 $\dfrac{\partial U}{\partial y}\left(\dfrac{\partial v}{\partial x}\dfrac{\partial w}{\partial z} - \dfrac{\partial v}{\partial z}\dfrac{\partial w}{\partial x}\right)$ 两项影响涡旋的识别，其中第一项与充分发展的二维槽道紊流案例结果一致。

令三维脉动流场为一个绕 z 轴旋转的展向 Burgers 涡旋，其表达式为：

$$
\begin{cases}
u = -\dfrac{\alpha x}{2} - \dfrac{\Gamma}{2\pi}\left[1 - \exp\left(-\dfrac{x^2 + y^2}{4\nu/\alpha}\right)\right]\dfrac{y}{x^2 + y^2} \\[2ex]
v = -\dfrac{\alpha y}{2} + \dfrac{\Gamma}{2\pi}\left[1 - \exp\left(-\dfrac{x^2 + y^2}{4\nu/\alpha}\right)\right]\dfrac{x}{x^2 + y^2} \\[2ex]
w = \alpha z
\end{cases}
\tag{2.24}
$$

其中 α 是应变率，ν 是运动黏滞系数，$r_0 = \sqrt{4\nu/\alpha}$ 是涡核半径（由黏性和应变的相对大小决定），Γ 是环量。当 $\Gamma > 0$ 时，涡旋按逆时针方向旋转（沿 z 轴负方向视图），涡旋的正、逆向叫法与 2.3.1 节一致。涡旋中心点的涡量 $\omega_z = \Gamma/(\pi r_0^2)$。

将均剪切流场 $\partial U/\partial y > 0$ 叠加至该脉动 Burgers 涡旋流场中，形成瞬时流场。脉动和瞬时流场下涡旋中心处的旋转强度分别为：

$$
\begin{cases}
\lambda_{\mathrm{ci,f}}^{\mathrm{3D}}(0,0,0) = \dfrac{\sqrt{3}}{2}\left[\sqrt[3]{f(\alpha) + \dfrac{\Gamma\,(\Gamma^2 + 144\pi^2\nu^2)}{(2\sqrt{3}\pi r_0^2)^3}} - \sqrt[3]{f(\alpha) - \dfrac{\Gamma\,(\Gamma^2 + 144\pi^2\nu^2)}{(2\sqrt{3}\pi r_0^2)^3}}\right] \\[3ex]
\lambda_{\mathrm{ci,t}}^{\mathrm{3D}}(0,0,0) = \dfrac{\sqrt{3}}{2}\sqrt[3]{f(\alpha) - \left(\dfrac{\alpha}{2}\right)^2\dfrac{\Gamma}{4\pi\nu}\dfrac{\partial U}{\partial y} + g\left(\dfrac{\partial U}{\partial y}\right)\sqrt{\Gamma^2 - 2\pi r_0^2\dfrac{\partial U}{\partial y}\Gamma}} - \\
\qquad\qquad\qquad \dfrac{\sqrt{3}}{2}\sqrt[3]{f(\alpha) - \left(\dfrac{\alpha}{2}\right)^2\dfrac{\Gamma}{4\pi\nu}\dfrac{\partial U}{\partial y} - g\left(\dfrac{\partial U}{\partial y}\right)\sqrt{\Gamma^2 - 2\pi r_0^2\dfrac{\partial U}{\partial y}\Gamma}}
\end{cases}
\tag{2.25}
$$

其中 $f(\alpha)=\left(\dfrac{\alpha}{2}\right)^3+\dfrac{\alpha}{2}\left(\dfrac{\Gamma}{2\pi r_0^2}\right)^2$，$g\left(\dfrac{\partial U}{\partial y}\right)=\left|\Gamma^2+144\pi^2\nu^2-2\pi r_0^2\Gamma\dfrac{\partial U}{\partial y}\right|\Big/$ $(2\sqrt{3}\pi r_0^2)^3$。

易证 $\lambda_{\mathrm{ci,f}}^{\mathrm{3D}}(0,0,0)>0$，故应用脉动流场总能检测出正、逆向 Burgers 涡旋。当 $\Gamma<0$ 时，$\Gamma^2-2\pi r_0^2\dfrac{\partial U}{\partial y}\Gamma>0$，可以推得 $\lambda_{\mathrm{ci,t}}^{\mathrm{3D}}(0,0,0)>0$，故应用瞬时流场可以检测出正向涡旋；但当 $\Gamma>0$ 且 $\dfrac{\partial U}{\partial y}>\dfrac{\Gamma}{2\pi r_0^2}$ 时，可以推得 $\lambda_{\mathrm{ci,t}}^{\mathrm{3D}}(0,0,0)$ 为复数（与 $\lambda_{\mathrm{ci}}>0$ 矛盾），故在此条件下应用瞬时流场无法检测出逆向涡旋。

如果脉动流场的 Burgers 涡旋是绕 x 轴旋转的流向涡旋或者绕 y 轴旋转的垂向涡旋时，垂向分布的时均剪切将不对其涡识别产生影响。下文仅对绕 x 轴旋转的流向 Burgers 涡进行分析，其表达式为：

$$\begin{cases} u=\alpha x \\ v=-\dfrac{\alpha y}{2}+\dfrac{\Gamma}{2\pi}\left[1-\exp\left(-\dfrac{z^2+y^2}{4\nu/\alpha}\right)\right]\dfrac{z}{z^2+y^2} \\ w=-\dfrac{\alpha z}{2}-\dfrac{\Gamma}{2\pi}\left[1-\exp\left(-\dfrac{z^2+y^2}{4\nu/\alpha}\right)\right]\dfrac{y}{z^2+y^2} \end{cases} \tag{2.26}$$

添加垂向剪切 $\partial U/\partial y>0$ 形成瞬时流场。

推导可知，在此条件下 $\dfrac{\partial v}{\partial x}\dfrac{\partial U}{\partial y}=0$ 且 $\dfrac{\partial U}{\partial y}\left(\dfrac{\partial v}{\partial x}\dfrac{\partial w}{\partial z}-\dfrac{\partial v}{\partial z}\dfrac{\partial w}{\partial x}\right)=0$，故 $\lambda_{\mathrm{ci,t}}^{\mathrm{3D}}=\lambda_{\mathrm{ci,f}}^{\mathrm{3D}}$，两种涡识别方法将不存在任何差异。

综上可知，仅当时均剪切所在平面与涡旋旋转平面一致时，时均剪切才会对涡旋识别产生影响，且仅当时均剪切大于逆向涡旋中心涡量的一半时，时均剪切才会影响其识别。

2.3.3 三维 DNS 槽道紊流数据验证

总结 2.3.1 节及 2.3.2 节可知：(1)时均剪切主要通过 $\mathrm{term1}=\dfrac{\partial v}{\partial x}\dfrac{\partial U}{\partial y}$ 及 $\mathrm{term2}=\dfrac{\partial U}{\partial y}\left(\dfrac{\partial v}{\partial x}\dfrac{\partial w}{\partial z}-\dfrac{\partial v}{\partial z}\dfrac{\partial w}{\partial x}\right)$ 两项影响涡旋识别；(2)对于逆向涡旋，当 $\partial U/\partial y>\Gamma/2\pi r_0^2$ 时，即当时均剪切强度大于涡旋中心涡量的一半时，应用瞬时流场将检测不出此时的逆向涡旋。

本节应用 Del Alamo et al. (2004)的三维 DNS 槽道紊流数据对以上两点结论进行验证。为量化时均剪切对涡旋识别的影响，必须计算 Q_{f}、$\mathrm{term1}$、Q_{t}、R_{f}、$\mathrm{term2}$ 及 R_{t} 的相对量级。由于在充分发展的槽道紊流中，沿时间及展向平面平均得到的均值都接近零，故改用均方根进行计算。由

图 2.10(a)及(c)可知,在近壁区(y^+<50)由于时均剪切很强,term1 及 term2 的均方根较大,足以影响旋转强度的计算而对涡识别产生影响。在图 2.10(a)中,σ_{Q_f} 与 σ_{Q_t} 在 2<y^+<30 区间内存在明显的差异;而在图 2.10(c)中,σ_{R_f} 与 σ_{R_t} 在 1<y^+<50 区间内存在明显差异。图 2.10(b)及(d)给出了这些差异的相对偏差值,σ_{Q_f} 与 σ_{Q_t} 的相对偏差在 1<y^+<30 区间内大于 2%,且最大的偏差可以达到 20%;而 σ_{R_f} 与 σ_{R_t} 的相对偏差在 0.1<y^+<50 区间内大于 5%,且最大的偏差达到 80%。总结可知,时均剪切主要在 y^+<50 区间(稍厚于缓冲层)内影响涡识别;而在外区,时均剪切对涡识别的影响非常小。

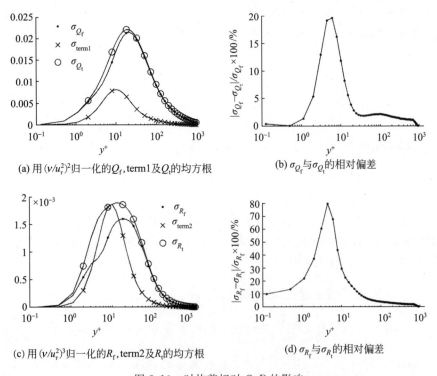

(a) 用 $(\nu/u_\tau^2)^2$ 归一化的 Q_f,term1 及 Q_t 的均方根

(b) σ_{Q_f} 与 σ_{Q_t} 的相对偏差

(c) 用 $(\nu/u_\tau^2)^3$ 归一化的 R_f,term2 及 R_t 的均方根

(d) σ_{R_f} 与 σ_{R_t} 的相对偏差

图 2.10　时均剪切对 Q、R 的影响

值得指出的是,本文中将独立的涡旋叠加时均剪切的做法,也许对应或者不对应真实的物理现象。在实际紊流中,涡旋和时均流动并不是完全相互独立的,涡旋主要产生于流动的不稳定性,而时均剪切可能是所有涡旋叠加的平均结果。因此,时均剪切中包含一部分涡旋的贡献,而涡旋周围的流场可能也无法仅仅由时均剪切所描述。换句话说,由雷诺分解得到的脉动

流场也许并不能很好地表征涡旋。这是一个非常棘手的问题，到目前为止还没有解答。本文并不尝试解释其中深层的物理含义，而是通过计算 $\partial U/\partial y > \Gamma/2\pi r_0^2$ 的概率，推求此条件在实际紊流中出现的可能性，以此来衡量两种速度梯度张量在涡旋识别方面的差异。

应用相同的槽道紊流数据计算时均剪切（$\partial U/\partial y$）与逆向涡旋一半的中心涡量（$\omega_z/2$）间的关系。应用三维脉动流场的旋转强度进行涡旋识别，当 $\lambda_{ci,f}(x,y,z)/\lambda_{ci,f}^{rms}(y) \geqslant 1.5$ 时认为存在涡旋，其中 $\lambda_{ci,f}^{rms}(y)$ 是 $\lambda_{ci,f}$ 在 y 位置的均方根，与 Wu 和 Christensen（2006）及 Herpin et al.（2010）一致。XY 面内的脉动流场被用来计算逆向涡旋中心的涡量 ω_z。计算得到 $\omega_z/2 < \partial U/\partial y$ 条件在 $10 < y^+ < 930$ 区间内的累积概率，$P\left(\dfrac{\omega_z}{2}\bigg|_y < \dfrac{\partial U}{\partial y}(y)\right)$ 定义为满足条件（$\omega_z/2 < \partial U/\partial y$）的涡旋个数除以识别的涡旋总数。图 2.11 给出了累积概率 P 沿垂向的变化，在 $y^+ \geqslant 50$ 区间内概率 $P=0$，表明应用瞬时及脉动流速梯度张量都能检测出逆向涡旋中心；然而，当 y^+ 从 50 减至 10，累积概率急剧增大并且在 $y^+ = 10$ 时接近 1。因此，在缓冲层内，当应用瞬时流速梯度张量时，很大一部分比例的逆向涡旋将不会被检测出来。这也许能解释为什么图 2.9 及文献（Wu 和 Christensen，2006；Herpin et al.，2010）在近壁区内逆向涡旋很少。幸运的是，缓冲层内主要分布的是准流向涡，其旋转平面与时均剪切不在同一平面内。

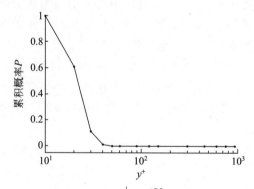

图 2.11　累积概率 $P\left(\dfrac{\omega_z}{2}\bigg|_y < \dfrac{\partial U}{\partial y}(y)\right)$ 沿垂向的变化

2.4　小　　结

通过推导得出了二、三维可压及不可压条件下的旋转强度的理论解，利用直接数值模拟的槽道紊流数据对两者进行分析，并推求了时均剪切对涡旋识别的影响。三维速度梯度张量的特征方程为一元三次方程,应用卡丹方法即可求解,二维情况更为简单。应用旋转强度的理论解,可以更好地定量研究各种因素(如时均剪切)对涡识别的影响,以弥补以往进行数值特征分解的不足。

虽然 DNS 及三维 PIV 技术早已成熟,但鉴于其昂贵及复杂性,它们的使用并不如二维平面 PIV 广泛。通过对比二维及三维旋转强度,我们就可以较好地理解建立在二维及三维流场基础上的涡识别间的联系及差异。对比二维及三维旋转强度的统计值(均值、均方根、极大值及概率密度分布)可知,两者参数的变化趋势基本一致,但三维参数的数值大于二维参数。一般情况下,三维旋转强度的平方要大于 3 个二维旋转强度的平方和,只有当涡旋的运动轨迹为纯圆且其线变形率为零时,两者才相等。根据 DNS 的数据计算可知,二维旋转强度、线变形率及 λ_{cr3D} 占三维旋转强度的比重分别为84%、11%和 5%,故二维旋转强度的平方和与三维旋转强度的平方差异较小。通过统计二维和三维旋转强度的比值与涡旋倾角的联合概率密度分布可知,两者的关系为正弦函数,即 $\lambda_{ci2D}/\lambda_{ci3D} = \sin(|\alpha|)$;除了缓冲层内的垂向涡旋,此式在槽道流中具有普适性。

分别以存在垂向剪切的二、三维槽道紊流为例,利用得到的旋转强度理论解研究了时均剪切对涡旋识别的影响:当涡旋旋转平面与剪切平面一致,且其旋转方向与剪切方向相反时,时均剪切才会影响涡旋的识别。仅当时均剪切大于逆向涡旋中心涡量的一半时,脉动和瞬时流场得到的结果才存在差异;应用 DNS 槽道紊流数据发现,此种情况仅会在 $y^+ < 50$ 区间内存在,这在一定程度上解释了为什么近壁区逆向涡旋的数量少于正向涡旋;而在这个区间以外,涡识别结果将不与所采用的流场类型有关。值得指出的是,鉴于实际流动的复杂性,哪一种流场更为适合涡识别还需要进一步深入研究。

第3章 槽道紊流中涡旋的数量和尺度

3.1 术语定义和计算方法

3.1.1 术语定义

虽然利用 DNS 及三维 PIV 技术可以准确获得流场的三维信息,然而表征三维涡旋是一件十分困难的工作,因为涡旋的三维形态十分复杂且自由度多,所以定量化涡旋的属性,如尺寸、环量及最大涡量等,通常都是从涡旋的二维切片下获得(Maciel et al.,2012),常用的三个二维切面分别为流向-展向平面(XZ 面)、流向-垂向平面(XY 面)及垂向-展向平面(YZ 面),见图 3.1。虽然切面是二维的,但可按切面内每个点的速度分量及速度梯度的个数来进行分类:具有两个速度分量和四个梯度分量(如利用平面 PIV 测量 u,v,A_{XY})的切面称为平面二维流场,而拥有三个速度和九个梯度分量(如用立体 PIV 测量 u,v,w,A)的切面称为平面三维流场。为下文论述方便,我们将从平面二维流场中提取的涡旋称为"二维涡旋",而将从平面三维流场中提取的涡旋称为"三维涡旋";利用平面二维流场的二维旋转强度场提取二维涡旋,利用平面三维流场的三维旋转强度场提取三维涡旋。

由于二维涡旋的旋转方向较为简单(仅 ω_x、ω_y、ω_z 三个方向),为下文论述方便,对其进行命名;为便于直观理解,用 Ω 形发夹涡模型进行解释,见图 3.1,图中圆形轨道为涡旋在面内的旋转方向,而矢量箭头为其实际的三维旋转轴。(1)沿 y 轴负方向视图,将 XZ 切面内的涡旋命名为顺时针涡及逆时针涡,见图 3.1(a)。当 $\omega_y>0$ 时,涡旋以逆时针方向旋转;当 $\omega_y<0$ 时,涡旋以顺时针方向旋转。(2)XY 切面内存在时均剪切,其涡量方向为负,即 $\omega_z=-\partial U/\partial y<0$。为与已有文献(Wu 和 Christensen,2006)中的命名规则一致,将与时均剪切旋转方向一致的涡旋称为正向涡($\omega_z<0$),反之称为逆向涡($\omega_z>0$),见图 3.1(b)。(3)在 YZ 面内,由于 x 轴正方向为水流方向,故将 $\omega_x<0$ 的涡旋称为上游涡,而将 $\omega_x>0$ 的涡旋称为下游涡,见图 3.1(c)。

区别于二维涡旋,三维涡旋由于具有任意的方向,很难对其进行分类,只能利用其概率密度进行统计。

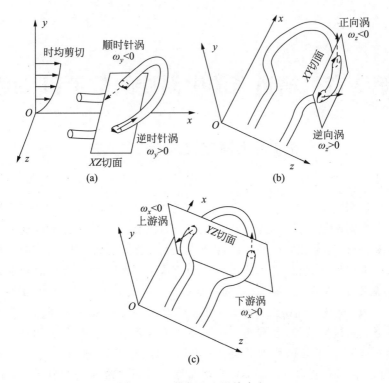

图 3.1　二维切面和涡旋命名

3.1.2　涡旋的密度和半径

本文采用旋转强度法进行涡旋的识别和提取。在理想流体中,无旋流体与有旋流体间存在着非常明确的边界,应用零阈值可以很容易提取出涡旋。但在实际流体中,由于黏性对涡量的扩散及涡量与周围应力场的耦合作用,导致涡旋的鉴别十分复杂,此时需采用非零阈值。但关于非零阈值的选取却没有统一的认识:(1)Pirozzoli et al. (2008)选用 $\lambda_{ci} \geqslant 0.42u_\infty/\delta_0$,其中 u_∞ 为边界层内的最大流速,δ_0 为边界层厚度;(2)Ganapathisubramani et al. (2006)和 Gao et al. (2011)选取 $10\% \sim 20\%$ 的旋转强度的最大值作为阈值;(3)Wu 和 Christensen(2006),Natrajan et al. (2007)和 Herpin et al. (2010)则选取 $\lambda_{ci}/\lambda_{ci}^{rms} \geqslant 1.5$ 作为阈值。

本文沿用 Wu 和 Christensen(2006)的方法,用均方根对旋转强度进行归一化,可以消除 λ_{ci} 沿垂向不均匀分布造成的影响:

$$
\begin{cases}
\Xi_{ciXY} = \lambda_{ciXY} / \lambda_{ciXY}^{rms} \\
\Xi_{ciXZ} = \lambda_{ciXZ} / \lambda_{ciXZ}^{rms} \\
\Xi_{ciYZ} = \lambda_{ciYZ} / \lambda_{ciYZ}^{rms} \\
\Xi_{ci3D} = \lambda_{ci3D} / \lambda_{ci3D}^{rms}
\end{cases}
\tag{3.1}
$$

本文中当 $\Xi_{ci} \geqslant 1.5$ 时,标记为涡旋候选点,经过一定的形态判定后才最终确定为涡旋。

详细的涡旋提取步骤如下,仅以 XY 面内的二维流场为例:

(1) 计算切面内所有点的归一化旋转强度值 Ξ_{ciXY},并标记出那些局部极大值点作为涡心候选点,参见 Ganapathisubramani et al. (2006),Pirozzoli et al. (2008),Herpin et al. (2010)和 Gao et al. (2011)。

(2) 当第(1)步中标记出的局部极大值点满足 $\Xi_{ciXY} \geqslant 1.5$ 条件,且其周围至少有四点(x、y 方向各两点)也同时满足 $\Xi_{ciXY} \geqslant 1.5$ 时,才判定该点为涡心,参见 Wu 和 Christensen(2006);Natrajan et al. (2007);Herpin et al. (2010)。

(3) 用区域生长算法计算出涡旋的范围(Ganapathisubramani et al.,2006;Gao et al.,2011)。该算法从涡心开始,沿着径向进行辐射生长,直至遇到以下两个条件中的任意一个:(a)旋转强度沿径向的梯度变为正,即 $\partial \Xi_{ciXY} / \partial r > 0$;(b)当旋转强度小于某一设定阈值时,即 $\Xi_{ciXY} < \varepsilon$。为了研究阈值对涡旋半径的影响,本文中预设 $\varepsilon = \{0.2, 0.4, 0.8, 1.5\}$。

值得指出的是,步骤(2)是为了考虑数值计算的误差,并保证提取出的涡旋具有最小的分辨率;而步骤(3)能保证涡旋内的旋转强度沿径向递减,且当两个涡旋距离较近时,能区分出各自的边界。经过以上步骤,XY 面内的所有二维涡旋的涡心位置及涡旋所占的面积都被提取出来,其他两个面内的二维涡旋及三维涡旋提取方法与此一致。

图 3.2(a)给出了 XY 面内的二维涡旋的分布,其中不同灰度云图为带有涡量符号的旋转强度场 $\lambda_{ciXY} \cdot \mathrm{sign}(\omega_z)$,sign 为符号函数,用以提取实数的正负号;矢量箭头为局部伽利略分解的流速场,有的涡旋为正向涡,有的涡旋为逆向涡。与已有文献结果一致,图中正向涡的数量多于逆向涡。图 3.2(b)给出了 $\varepsilon = 0.4$ 时各涡旋所占的区域,可见大多数涡旋并非椭圆形,反映出实际流态的复杂性,此现象也被 Ganapathisubramani et al. (2006) 及 Gao et al. (2011)所指出。

三维涡旋的平面形态与二维涡旋存在一定的差异,见图 3.3,中间的大图为三维旋转强度场,周围的四个小图为对应位置的二维旋转强度场。由

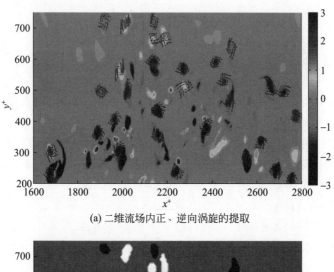

(a) 二维流场内正、逆向涡旋的提取

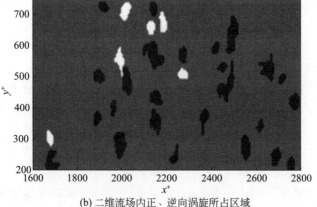

(b) 二维流场内正、逆向涡旋所占区域

图 3.2　XY 切面内的涡旋提取实例

于二维旋转强度只能提取那些与测量平面呈较大倾角的涡旋(Marusic et al.,2004),那些局部倾角较小的连续的三维涡旋(如图 3.3 中露白线所包围的 A~D 四个三维涡旋),在二维旋转强度场中则被"破碎"分解成了若干独立的部分(见局部放大的四个小图)。三维涡旋 A 被分解成了两个强度较大的正向涡旋,三维涡旋 C 右上部的细长型结构在二维涡旋中消失了,而 B 和 D 两个三维涡旋则被分解成了若干的正、逆向涡旋。正如 Gao et al.(2011)所指出,用二维旋转强度提取涡旋会导致涡旋的数量偏大,而半径偏小。可是二维平面 PIV 仍是现今应用最广泛的测量工具,已有文献的结果也大多建立在二维平面 PIV 之上,所以研究二维与三维涡旋间的差异,将有助于更好地评估已有文献的结果,加深对不同测量手段间差异的理解。

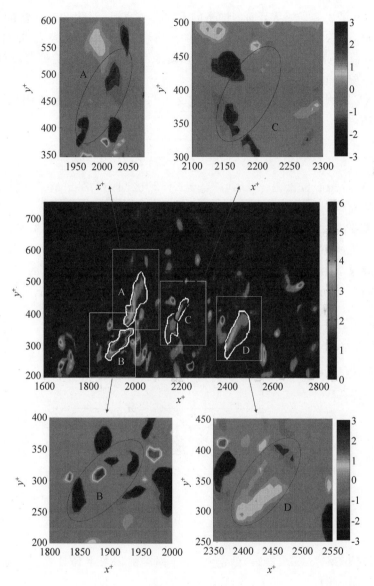

图 3.3　二维涡旋与三维涡旋的差异

当提取涡心的位置及涡旋所占的面积后,就可以计算涡旋的密度及半径。
XY 面内二维涡旋的密度为:

$$\Pi^{+}(y) = \frac{N(y)}{\Delta y^{+} L_{x}^{+} n_{XY}} \qquad (3.2)$$

其中 Δy 是表 2-2 中 XY 面内网格的垂向分辨率，L_x 是表 2-1 中槽道沿流向的长度，n_{XY} 是表 2-2 中 XY 面的个数，$N(y)$ 是涡心位置分布在 $[y+\Delta y/2, y+\Delta y/2]$ 区间内的二维涡旋总个数。三维涡旋的密度计算与二维涡旋类似。

XY 面内二维涡旋的平均半径定义为与涡旋所占区域的面积相等的圆的半径：

$$r_{2D}^+(y) = \sqrt{\frac{1}{\pi N(y)} \sum_{i=1}^{N(y)} A_i^+} \tag{3.3}$$

其中 A_i 是涡心位置在 $[y+\Delta y/2, y+\Delta y/2]$ 区间内的第 i 个二维涡旋所占区域的面积。

需要注意的是，三维涡旋的半径计算分为两种：一种与式(3.3)一致，即三维涡旋所占平面区域的等效圆半径，下文称为面内半径 r_{3D}；另一种是三维涡旋投影至与涡旋旋转轴垂直的平面上的半径，即三维涡管的半径，下文称为涡管半径 r_{tube}。两者的差异见图 3.4，面内半径大于等于涡管半径。

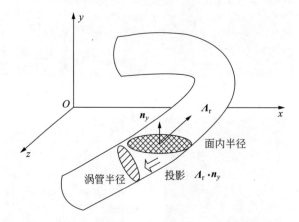

图 3.4　XZ 面内三维涡旋的面内半径及涡管半径

按照 Gao et al.(2011)的定义，三维涡旋的涡管半径计算公式如下，仅以 XZ 面为例：

$$r_{tube}^+ = \sqrt{\boldsymbol{\Lambda}_r \cdot \boldsymbol{n}_y \int_{A_{XZ}^+} (dA_{XZ}^+)/\pi} \tag{3.4}$$

其中 A_{XZ}^+ 是 XY 面内三维涡旋所占区域的面积；$\boldsymbol{n}_y$ 是沿 z 方向的单位矢量；$\boldsymbol{\Lambda}_r$ 是实特征向量在涡旋所占区域内的均值，实特征向量定义见 4.1 节；$\boldsymbol{\Lambda}_r \cdot \boldsymbol{n}_y$ 的作用是将 XZ 面投影至与涡旋旋转轴垂直的平面。

3.2　涡旋的密度

3.2.1　二维涡旋密度

依据 2.2.1 节 DNS 槽道紊流数据,采用式(3.2)计算涡旋密度。三个切面内二维涡旋的密度见图 3.5。图 3.5(a)给出了 XY 面内正、逆向涡旋的密度分布。图中 CAZLW13 和 HSS10 为引用文献(Chen et al.,2014b;Herpin et al.,2010)的缩写;OCF(open channel flow)和 DNS 指明渠流和直接数值模拟,其后的数字为摩阻雷诺数;黑色数据为正向涡,而蓝色数据为逆向涡。除了 $y^+ < 100$ 的区域,本文计算结果与 CAZLW13 及 HSS10 的结果非常一致,近壁区的偏差也许由较强的时均剪切引起。正向涡的密度随 y^+ 呈先增大后减小的趋势;逆向涡则呈先增大,维持某一稳定数值,再缓慢增大的趋势。

正向涡的数量远大于逆向涡,且在近壁区尤为明显,但随着与壁面距离的增大,两者差异逐渐减小,最终在槽道中心处相互接近。原因可能为:(1)正如 2.3.2 节的证明,时均剪切会影响逆向涡的识别,而时均剪切在近壁区的强度最大,所以导致两者在近壁区差异最大;(2)随着与壁面距离的增加,时均剪切越来越小,对正向涡的促进及对逆向涡的抑制作用越来越弱,导致了两者的数量不断接近;(3)在槽道中心,时均剪切为零,则两者数量一致。

图 3.5(b)给出了 YZ 面内二维涡旋的密度分布,其中总涡旋(上游涡＋下游涡)的数量与 HSS10 吻合得很好,涡旋密度随着 y^+ 不断增大,在 $y^+ = 40$ 时达到最大值,随后不断减小,但减小的速率不断降低。由于 YZ 面内不存在时均剪切,且 XY 面内的时均剪切不会影响上、下游涡旋的识别(证明见 2.3.2 节),故 YZ 面内的上、下游涡旋的密度几乎完全一样。值得指出的是,从图 3.5(a)和(b)中可以发现,HSS10 的数据在槽道中心处($y^+ = 934$)急剧减小至零,这是值得怀疑的。因为槽道中心远离边界,时均剪切影响很弱,不存在某种物理机制使得涡旋全部消失;再者,非负参数应该是关于槽道中心对称(Kim et al.,1987),故涡旋密度曲线在槽道中心应该平滑过渡且梯度为零。

图 3.5(c)为 XZ 面内二维涡旋的密度分布,涡旋密度在近壁区存在两个局部极大值点,可能与该区存在较多的流向涡有关,在外区涡旋密度随着 y^+ 增大而减小。与 YZ 面一致,由于不存在时均剪切,顺时针涡旋的密度与逆时针涡旋一致。

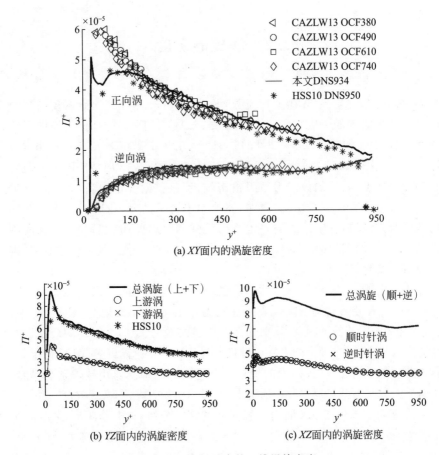

(a) XY面内的涡旋密度

(b) YZ面内的涡旋密度　　　　　(c) XZ面内的涡旋密度

图 3.5　三个切面内的二维涡旋密度

　　图 3.6 给出了三个切面内的总涡旋密度。由图可知,二维涡旋的无量纲密度的取值在 10^{-5} 量级。XZ 面内的涡旋数量最多,在外区其值大概是其他两个面内涡旋数量的两倍;YZ 面的涡旋数量居中,其值在近壁区较多(反映出近壁区较多的流向涡),但在外区,其数量与 XY 面的涡旋基本一致,这与 Herpin et al.(2010)的结果一致。

3.2.2　三维涡旋密度

　　图 3.7 给出了三维涡旋的密度分布,为与二维涡旋进行对比,图中也给出了对应的二维涡旋密度,其中三根 R 线表示二维涡旋密度,其余三根线表示三维涡旋密度。三维涡旋的密度曲线与二维涡旋基本一致,但数值偏

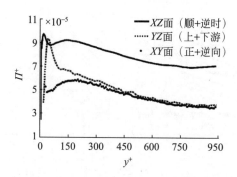

图 3.6 三个切面内二维涡旋总密度的对比

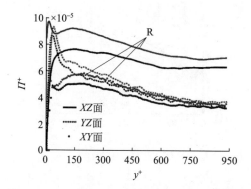

图 3.7 三维涡旋与二维涡旋(R 线)的密度对比

小,两者的差异在近壁区较大,在外区较小。相比 XY 和 YZ 面,XZ 面内二维与三维涡旋间的差异最大。由图 3.3 可知,由于二维旋转强度场会将三维旋转强度场"破碎"分解,导致二维涡旋的密度比三维涡旋大。

3.3 涡旋的半径

3.3.1 二维涡旋半径

依据 2.2.1 节 DNS 槽道紊流数据,采用式(3.3)和式(3.4)计算涡旋半径。二维涡旋半径在三个切面内的分布见图 3.8,值得指出的是,HSS10 采用 Oseen 涡拟合得到涡旋半径,而本文采用同等面积的圆的等效半径,两者结果肯定会存在一定的差异。图 3.8(a)中 XY 面内的涡旋半径随着 y^+ 的增大而增大,虽然数值与 HSS10 存在差异,但两者的趋势基本一致,且当阈值 $\varepsilon = 0.2$ 时,两者的数值也很接近。正向涡的半径要大于逆向涡旋

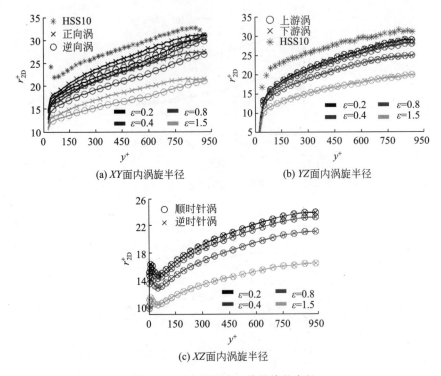

(a) *XY*面内涡旋半径　　　　　　　　(b) *YZ*面内涡旋半径

(c) *XZ*面内涡旋半径

图 3.8　三个切面内二维涡旋的半径

(1^+～2^+)，但两者的数值在槽道中心处基本相等，正、逆向涡半径间的差异应该与时均剪切有关。随着阈值的减小，提取的涡旋半径逐渐增大；比较 $\varepsilon=0.2$ 与 $\varepsilon=1.5$ 两组结果可知，两者的数值差异可达 50%，这说明阈值对涡旋区域的提取有着很大的影响；但当 ε 减小至 0.4 时结果就基本达到收敛。

图 3.8(b)中 *YZ* 面的上、下游涡的半径几乎一致，图 3.8(c)中 *XZ* 面的顺、逆时针涡的半径也几乎一致，这与图 3.8(a)的结果存在明显差异，此现象从侧面反映了时均剪切对涡旋半径的影响。推测可知，时均剪切会加大 *XY* 面内正向涡的半径，而减小逆向涡的半径。

与 *XY* 面一致，*YZ* 面内的涡旋半径随着 y^+ 稳定的增加，变化的趋势及数值（$\varepsilon=0.2$）与 HSS10 基本一致。与 *XY* 及 *YZ* 面不同，*XZ* 面内的涡旋半径在近壁区出现局部峰值，随后才随着 y^+ 的增加而增大；这是因为近壁区存在大量的流向涡，而其与 *XZ* 面的夹角较小，故造成涡旋在 *XZ* 面的投影半径较大。

阈值对 YZ 及 XZ 面内涡旋半径的影响规律与 XY 面一致,即随着阈值的减小,提取的半径变大,但当 $\varepsilon=0.4$ 时基本趋于收敛。

图 3.9 给出了三个面内涡旋的平均收敛半径($\varepsilon=0.4$),可知,涡旋半径大致分布在 $10^+\sim30^+$ 之间。XY 面的涡旋半径最大,YZ 面次之,两者的数值差异较小;XZ 面的涡旋半径最小,与其他两个面相差大约 5^+。

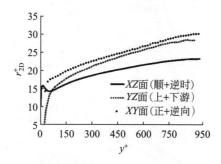

图 3.9　二维涡旋的平均半径的对比($\varepsilon=0.4$)

3.3.2　三维涡旋半径

本文中三维涡旋的半径分为面内半径及涡管半径(见图 3.4)。由于三维涡旋的方向十分复杂,故不再进行命名,只按其所在平面进行描述,见图 3.10。三个面内三维涡旋的面内半径的变化规律基本与二维涡旋一致,即 XY 及 YZ 面的面内半径随 y^+ 稳定增长,而 XZ 面的面内半径在近壁区存在局部峰值之后才稳定增长。

阈值对面内半径的影响规律与二维涡旋基本一致,但 $\varepsilon=0.2$ 与 $\varepsilon=1.5$ 间数值的差异,面内半径要远大于二维半径;此外 $\varepsilon=0.2$ 与 $\varepsilon=0.4$ 间的差异略大于二维半径,表明面内半径的收敛性稍有降低,见图 3.10。

比较三维涡旋的面内半径与二维涡旋半径可知,三维涡旋的半径要大于二维涡旋,这是因为一部分的二维涡旋是破碎分解后的三维涡旋,所以二维涡旋相对较小。对于较大的阈值($\varepsilon=1.5$),两者的差异较小,二维半径略小于三维面内半径;对于较小的阈值($\varepsilon=0.2$),两者的差异较大,可达 5^+ 左右;由图可知,二维涡旋的收敛半径约为三维涡旋在 $\varepsilon=0.8$ 时的面内半径。

涡管半径为面内半径投影至与涡旋旋转轴垂直的平面上的半径,见图 3.11。由图可知,三个切面的涡管半径都随 y^+ 稳定增长。对于从平面区域提取的三维涡旋面内半径及二维涡旋半径,XZ 面内的涡旋半径在近壁区都存在局部峰值,因为流向涡较小的倾角导致了较大的投影面积。可

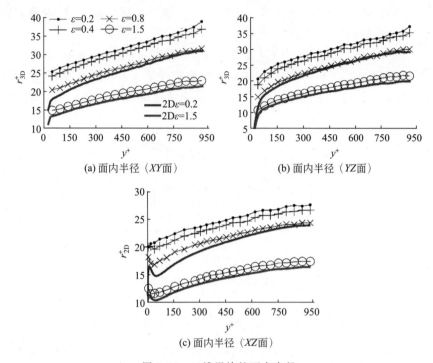

图 3.10 三维涡旋的面内半径

是当将面内半径沿旋转方向进行投影后,得到的 XZ 面的涡管半径在近壁区的峰值消失了,因为 $r_{\text{tube}} = \sin(\alpha) \cdot r_{3D}$,较大的投影半径会被较小的倾角所抵消。这一结果与自然规律吻合得很好,从侧面反映出本文计算结果的可靠性。

由于投影的原因,涡管半径要比面内半径小很多,可达 5^+ 左右。对于相同的阈值,三维涡旋的涡管半径要小于二维涡旋半径;相比三维面内半径及二维涡旋半径,涡管半径受阈值的影响更小,收敛更快,$\varepsilon = 0.2$ 和 $\varepsilon = 0.4$ 的结果几乎重合。

由图 3.11 可知,$\varepsilon = 0.8$ 的三维涡管半径几乎与 $\varepsilon = 1.5$ 的二维涡旋半径相等;因为计算可知 $r_{3D}^{\varepsilon=1.5}/r_{2D}^{\varepsilon=1.5} = 1.08$,$r_{3D}^{\varepsilon=0.8}/r_{3D}^{\varepsilon=1.5} = 1.3$,又由 4.2.1 节可知概率最大的倾角为 $45°\sim55°$,故

$$r_{\text{tube}}^{\varepsilon=0.8} = \sin(\alpha) r_{3D}^{\varepsilon=0.8} = \sin 50° \times 1.3 r_{3D}^{\varepsilon=1.5} = 0.99 r_{3D}^{\varepsilon=1.5} = 1.07 r_{2D}^{\varepsilon=1.5}$$

$$(3.5)$$

由于三维涡管半径收敛很快,可近似认为 $r_{\text{tube}}^{\varepsilon=0.8} \approx r_{\text{tube}}^{\varepsilon=0.4}$,故

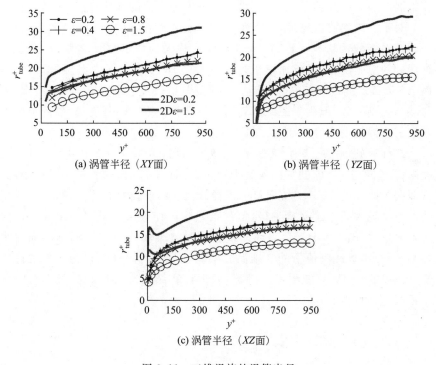

(a) 涡管半径（XY面）　　　　　　(b) 涡管半径（YZ面）

(c) 涡管半径（XZ面）

图 3.11　三维涡旋的涡管半径

$$r_{\text{tube}}^{\varepsilon=0.4} \approx r_{\text{3D}}^{\varepsilon=1.5} \approx r_{\text{2D}}^{\varepsilon=1.5} \qquad (3.6)$$

式(3.6)是一个重要的结论,由它可以推得以下结论:

(1) 阈值较大时二维涡旋与三维涡旋的面内半径基本一致,表明涡旋内旋转运动较为剧烈的区域仅集中在较小范围内,且这一范围内的三维涡旋较少被二维旋转强度所"破碎"分解。

(2) 已有文献中常用 $\varepsilon=1.5$ 来提取二维 PIV 试验中的涡旋(Wu 和 Christensen,2006；Natrajin et al.,2007),此阈值下提取的二维涡旋半径与实际的涡管收敛半径非常接近。虽然二维 PIV 只能测量二维流场,但计算结果却可作为三维涡管收敛半径的良好近似。

3.4　小　　结

将从平面二维流场中提取出的涡旋命名为二维涡旋,并按涡量方向对三个切面内的二维涡旋进行分类;将从平面三维流场中提取的涡旋命名为三维涡旋。详细介绍了二维、三维涡旋密度和半径的计算方法。

对于二维涡旋的密度，XY 面内正向涡数量远大于逆向涡，XZ 面内顺、逆时针涡旋数量基本一致，YZ 面内上、下游涡的数量也基本相同；对于二维涡旋的总密度，无量纲密度的取值在 10^{-5} 量级，XZ 面内涡旋数量最多，而 XY 及 YZ 面内涡旋数量相近。三维涡旋的密度在各个面内的趋势基本与二维涡旋一致，但由于二维旋转强度场会将三维旋转强度场"破碎分解"，导致三维涡旋的密度略小于二维涡旋。

二维涡旋的半径基本随着 y^+ 的增大而增大，主要分布在 $10^+\sim30^+$ 区间内；XY 面与 YZ 面的二维涡旋半径相近，而 XZ 面内的涡旋半径最小，比其他两个面小约 5^+。三维涡旋的半径分为面内半径及涡管半径，三维涡旋的面内半径大于二维涡旋半径，但三维涡管半径小于二维涡旋半径。计算可得 $r_{\text{tube}}^{\varepsilon=0.4}\approx r_{3D}^{\varepsilon=1.5}\approx r_{2D}^{\varepsilon=1.5}$，表明阈值较大时二维涡旋与三维涡旋的面内半径基本一致，且此阈值下的二维涡旋半径与收敛的涡管半径接近。推论可知，虽然二维 PIV 只能测量二维流场，但计算结果却可作为三维涡管收敛半径的良好近似。

第4章　槽道紊流中涡旋的方向

4.1　术语定义和计算方法

本章沿用 3.1.1 节关于二维及三维涡旋的定义，涡旋方向为其旋转轴的方向，一般可用涡量方向进行描述（Ganapathisubramani et al.，2006；Pirozzoli et al.，2008）。三维涡旋由平面三维流场提取，它具有的三个涡量分量，即 $\boldsymbol{\Omega}=(\Omega_x,\Omega_y,\Omega_z)$。二维涡旋由平面二维流场提取，只具有一个涡量分量，即与测量平面垂直的涡量，无法真实刻画二维涡旋的方向；由于本文利用 DNS 数据，事先知道所有的流场信息，故可利用与二维涡旋所在区域相同位置处的三维流场信息计算二维涡旋的真实方向。可是，涡量不仅与局部旋转运动有关，还受剪切及大尺度旋转运动的影响，一些研究（Bernard et al.，1993；Zhou et al.，1999；Gao et al.，2007；Gao et al.，2011）指出，$\boldsymbol{\Omega}$ 的方向并不总与涡旋方向一致，尤其是在近壁区，故 Gao et al.（2007）提出用速度梯度张量的实特征向量 $\boldsymbol{\Lambda}_{\mathrm{r0}}=(\Lambda_{\mathrm{r0}x},\Lambda_{\mathrm{r0}y},\Lambda_{\mathrm{r0}z})$ 来表示涡旋方向，以避免受到剪切的影响。本文中，二维与三维涡旋方向的计算方法一致，两者差异由涡旋的提取区域不同所致。已有研究一般应用数值分解计算特征向量；由 2.1 节结论及 $\lambda_r \boldsymbol{A}=\lambda_r \boldsymbol{\Lambda}_{\mathrm{r0}}$，本文推导给出了实特征向量的理论解，其三组解的表达式如下：

$$\begin{cases} \Lambda_{\mathrm{r0}x} = \left[-\dfrac{\partial \bar{u}}{\partial y}\dfrac{\partial \bar{v}}{\partial z}+\left(\dfrac{\partial \bar{v}}{\partial y}-\lambda_r\right)\dfrac{\partial \bar{u}}{\partial z}\right]\Big/\left[\dfrac{\partial \bar{u}}{\partial y}\dfrac{\partial \bar{v}}{\partial x}+\left(\dfrac{\partial \bar{u}}{\partial x}-\lambda_r\right)\left(\lambda_r-\dfrac{\partial \bar{v}}{\partial y}\right)\right] \\[2mm] \Lambda_{\mathrm{r0}y} = \left[-\dfrac{\partial \bar{u}}{\partial z}\dfrac{\partial \bar{v}}{\partial x}+\left(\dfrac{\partial \bar{u}}{\partial x}-\lambda_r\right)\dfrac{\partial \bar{v}}{\partial z}\right]\Big/\left[\dfrac{\partial \bar{u}}{\partial y}\dfrac{\partial \bar{v}}{\partial x}+\left(\dfrac{\partial \bar{u}}{\partial x}-\lambda_r\right)\left(\lambda_r-\dfrac{\partial \bar{v}}{\partial y}\right)\right] \\[2mm] \Lambda_{\mathrm{r0}z} = 1 \end{cases}$$

$$\tag{4.1a}$$

$$\begin{cases} \Lambda_{\mathrm{r0}x} = \left[\dfrac{\partial \bar{u}}{\partial z}\dfrac{\partial \widetilde{w}}{\partial y}+\left(\lambda_r-\dfrac{\partial \widetilde{w}}{\partial z}\right)\dfrac{\partial \bar{u}}{\partial y}\right]\Big/\left[\dfrac{\partial \bar{u}}{\partial y}\dfrac{\partial \widetilde{w}}{\partial x}+\left(\lambda_r-\dfrac{\partial \bar{u}}{\partial x}\right)\dfrac{\partial \widetilde{w}}{\partial y}\right] \\[2mm] \Lambda_{\mathrm{r0}y} = \left[-\dfrac{\partial \bar{u}}{\partial z}\dfrac{\partial \widetilde{w}}{\partial x}\left(\dfrac{\partial \bar{u}}{\partial x}-\lambda_r\right)\left(\dfrac{\partial \widetilde{w}}{\partial z}-\lambda_r\right)\right]\Big/\left[\dfrac{\partial \bar{u}}{\partial y}\dfrac{\partial \widetilde{w}}{\partial x}+\left(\lambda_r-\dfrac{\partial \bar{u}}{\partial x}\right)\dfrac{\partial \widetilde{w}}{\partial y}\right] \\[2mm] \Lambda_{\mathrm{r0}z} = 1 \end{cases}$$

$$\tag{4.1b}$$

$$
\begin{cases}
\Lambda_{r0x} = \left[-\dfrac{\partial \tilde{v}}{\partial z}\dfrac{\partial \tilde{w}}{\partial y} + \left(\dfrac{\partial \tilde{v}}{\partial y} - \lambda_r\right)\left(\dfrac{\partial \tilde{w}}{\partial z} - \lambda_r\right) \right] \Big/ \left[\dfrac{\partial \tilde{v}}{\partial x}\dfrac{\partial \tilde{w}}{\partial y} + \left(\lambda_r - \dfrac{\partial \tilde{v}}{\partial y}\right)\dfrac{\partial \tilde{w}}{\partial x} \right] \\[3mm]
\Lambda_{r0y} = \left[\dfrac{\partial \tilde{v}}{\partial z}\dfrac{\partial \tilde{w}}{\partial x} + \left(\lambda_r - \dfrac{\partial \tilde{w}}{\partial z}\right)\dfrac{\partial \tilde{v}}{\partial x} \right] \Big/ \left[\dfrac{\partial \tilde{v}}{\partial x}\dfrac{\partial \tilde{w}}{\partial y} + \left(\lambda_r - \dfrac{\partial \tilde{v}}{\partial y}\right)\dfrac{\partial \tilde{w}}{\partial x} \right] \\[3mm]
\Lambda_{r0z} = 1
\end{cases}
$$

$$(4.1c)$$

由 4.2 节可知,这三组解是等价的。由于实特征向量的方向存在二义性问题,故 Gao et al.(2007)建议将与 $\boldsymbol{\Omega}$ 的夹角小于 $90°$ 的方向定义为实特征向量的方向,修正后的实特征向量为:

$$
\begin{cases}
\boldsymbol{\Lambda}_r = \boldsymbol{\Lambda}_{r0} \times \mathrm{sign}(t) \\[2mm]
t = \cos\langle \boldsymbol{\Lambda}_{r0}, \boldsymbol{\Omega} \rangle = \dfrac{\boldsymbol{\Lambda}_{r0} \cdot \boldsymbol{\Omega}}{|\boldsymbol{\Lambda}_{r0}| \times |\boldsymbol{\Omega}|}
\end{cases}
$$

$$(4.2)$$

其中 t 为未修正前的实特征向量与涡量间夹角的余弦值。

修正后的实特征向量与涡量间的夹角为:

$$
\beta = \arccos\left(\frac{\boldsymbol{\Lambda}_r \cdot \boldsymbol{\Omega}}{|\boldsymbol{\Lambda}_r| \times |\boldsymbol{\Omega}|} \right)
$$

$$(4.3)$$

定义 β_{zz} 为 XZ 面内涡旋的实特征向量与涡量矢量间的夹角,同理定义 β_{xy} 及 β_{yz},见图 4.1。

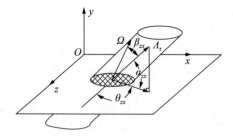

图 4.1　XZ 面内涡量与实特征向量的夹角及涡旋(二维或三维)的倾角与投影角

当矢量的起点确定后,确定一个矢量需要三个自由度,一般用终点的三个坐标。本文中涡旋的方向由倾角与投影角来确定,其中倾角为涡旋的实特征向量与切面间的夹角,具有一个自由度;投影角是实特征向量在切面的投影矢量与某一坐标轴间的夹角,具有绝对值及符号两个自由度。

涡旋与 XZ 面的倾角 α_{xz} 为:

$$
\alpha_{xz} = \arctan\left(\frac{\Lambda_{ry}}{\sqrt{\Lambda_{rx}^2 + \Lambda_{rz}^2}} \right)
$$

$$(4.4)$$

α_{xy}、α_{yz} 定义类似,其中 α 的正负号体现出涡旋沿坐标轴正向或负向旋转,α 的绝对值体现了旋转轴与平面的夹角。

涡旋在 XZ 面内的投影角 θ_{zx} 为:

$$\theta_{zx} = \arccos\left(\frac{\Lambda_{rz}}{\sqrt{\Lambda_{rx}^2 + \Lambda_{rz}^2}}\right) \cdot \mathrm{sign}(\Lambda_{rx}) \qquad (4.5)$$

θ_{zx} 的绝对值为实特征向量在 XZ 面内的投影矢量与 z 轴间的夹角,θ_{zx} 的正负号与投影矢量沿 x 轴分量的正负号一致,故 $\theta_{zx} \in [-180°, 180°]$。$\theta_{zy}$、$\theta_{xy}$ 的定义类似。

通过涡旋的倾角及投影角的联合概率密度分布就可以完全刻画二维或三维涡旋方向在空间内的分布规律,即 α_{xz} 与 θ_{zx} 刻画涡旋与 XZ 面的关系,α_{xy} 与 θ_{xy} 刻画涡旋与 XY 面的关系,α_{yz} 与 θ_{zy} 刻画涡旋与 YZ 面的关系。

4.2　涡旋的方向

在 4.1 节中通过推导给出了实特征向量的理论解式(4.1a)~式(4.1c),图 4.2 中给出了 DNS 槽道紊流中两个垂向高度($y^+ = 110$、415)处 XZ 面内三维涡旋的倾角的概率密度。由图可知,三组解的结果是完全一致的,可选用任何一个等价解进行实际应用,下文中实特征向量采用式(4.1a)进行计算。三组解的表达式直观上看起来不同,但本质上是一致的,因为式中都含有参数 λ_r,而 λ_r 是可以用速度梯度分量表示的(见式(2.7)),λ_r 与速度梯度间的隐含关系保证了三组解的等价性。

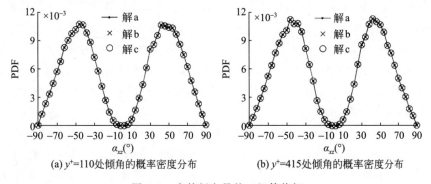

(a) y^+=110 处倾角的概率密度分布　　　(b) y^+=415 处倾角的概率密度分布

图 4.2　实特征向量的三组等价解

4.1 节中指出了涡量与实特征向量在描述涡旋方向时的差异,图 4.3 给出了本文结果与已有文献结果关于三维涡旋方向的对比,其中 GLM06

及 GOL07 分别为文献(Ganapathisubramani et al.,2006;Gao et al.,2007)的缩写。GLM06 采用风洞中的零压力梯度边界层数据,并以涡量方向表征涡旋方向;而 GOL07 采用与 GLM06 一致的数据,研究 $\boldsymbol{\Lambda}_r$ 与 $\boldsymbol{\Omega}$ 间的差异。由图 4.3 可知,本文结果与已有结果在整体趋势及数值大小方面基本一致,但由于两者的工况不同(边界层和槽道流),导致 PDF 峰值的位置间存在一定的差异。图 4.3(a)中 PDF 峰值处,以 $\boldsymbol{\Omega}$ 与 $\boldsymbol{\Lambda}_r$ 衡量的倾角差异可以达到约 10°。图 4.3(b)中,本文 $\boldsymbol{\Omega}$ 与 $\boldsymbol{\Lambda}_r$ 间概率最大的夹角为 10°,但 GOL07 中为 15°。由于槽道中固壁边界的限制相比边界层更为严格,所以导致了 β_{xz} 在槽道流中偏小。

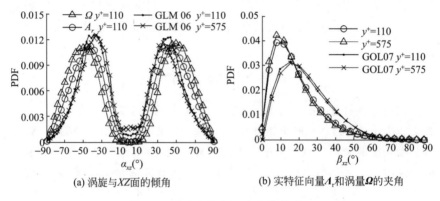

(a) 涡旋与 XZ 面的倾角　　　　　(b) 实特征向量 $\boldsymbol{\Lambda}_r$ 和涡量 $\boldsymbol{\Omega}$ 的夹角

图 4.3　本文倾角与已有文献的对比

　　GOL07 虽然研究了 $\boldsymbol{\Lambda}_r$ 与 $\boldsymbol{\Omega}$ 的差异,但仅限于两个垂向高度处 XZ 面内的结果,其结论是否适用于其他高程处的 XZ、XY 及 YZ 面有待检验。图 4.4~图 4.6 分别给出了从 XZ、XY 及 YZ 面内提取三维涡旋,并以 $\boldsymbol{\Lambda}_r$ 及 $\boldsymbol{\Omega}$ 衡量涡旋方向时,$\boldsymbol{\Lambda}_r$ 与 $\boldsymbol{\Omega}$ 的夹角在不同高程处的概率密度分布。参照 Marusic 和 Adrian(2013),壁面紊流可以分为 4 个区:黏性底层($y^+ <$ 5)、缓冲层($5 < y^+ < 30$)、对数区($30 < y^+ < 0.15Re_\tau$)及尾流区($y^+ > 0.15Re_\tau = 140$)。

　　由图 4.4(a)可知,在缓冲层内,$\boldsymbol{\Lambda}_r$ 与 $\boldsymbol{\Omega}$ 的差异很大,β_{xz} 主要分布在高值区,且概率最大的夹角可以达到 65°。随着 y^+ 的增大,β_{xz} 的分布逐渐向低值区偏移,并在当 $y^+ > 80$ 后,所有概率密度分布曲线基本重合,此时夹角主要分布在 $[0°, 60°]$ 区间内。概率密度最大的夹角在缓冲层及对数区内沿 y^+ 方向递减,数值从 65° 迅速降至 10°;在尾流区基本不随 y^+ 变化,数值稳定在 10° 左右,见图 4.4(b)。

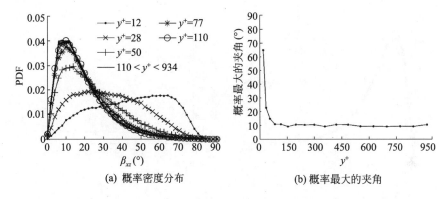

(a) 概率密度分布　　　　　　　**(b) 概率最大的夹角**

图 4.4　XZ 面内 $\boldsymbol{\Lambda}_r$ 与 $\boldsymbol{\Omega}$ 的夹角

由图 4.5(a)可知,β_{xy} 在缓冲层内主要分布在低值区,概率最大的夹角为 $10°$,与图 4.4(a)中 β_{xz} 的分布存在较大不同。随着 y^+ 的增大,β_{xy} 的分布进一步向低值区偏移,并在 $y^+>80$ 后,所有概率密度分布曲线基本重合,与图 4.4(a)中 β_{xz} 的规律一致。与图 4.4(b)不同,XY 面内概率密度最大的夹角不存在沿 y^+ 方向递减的趋势,数值始终在 $10°$ 上下波动,见图 4.5(b)。

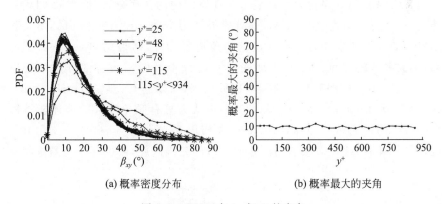

(a) 概率密度分布　　　　　　　**(b) 概率最大的夹角**

图 4.5　XY 面内 $\boldsymbol{\Lambda}_r$ 与 $\boldsymbol{\Omega}$ 的夹角

与图 4.4(a)及图 4.5(a)对比可知,β_{yz} 的概率密度分布在垂向收敛得更快,当 $y^+>20$ 后,所有概率密度分布曲线基本重合,见图 4.6(a)。与图 4.5(b)一致,YZ 面内概率密度最大的夹角沿 y^+ 不发生变化,数值稳定在 $10°$ 附近,见图 4.6(b)。

综合图 4.4～图 4.6 可知,当 $y^+>80$ 后,β_{xz}、β_{xy} 及 β_{yz} 的概率密度分布曲线基本重合,且三者的趋势及数值都基本一致:夹角主要分布在 $[0°,60°]$

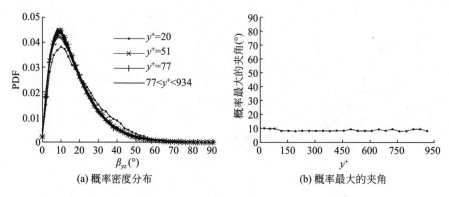

(a) 概率密度分布　　　　　　　(b) 概率最大的夹角

图 4.6　YZ 面内 $\boldsymbol{\Lambda}_r$ 与 $\boldsymbol{\Omega}$ 的夹角

区间内,概率最大的夹角稳定在 10°附近。Gao et al.(2011)认为槽道壁面存在的垂向剪切和发夹涡两腿间产生的 Q2 事件(即 $u<0,v>0$)诱导产生的局部剪切,是导致 $\boldsymbol{\Omega}$ 与 $\boldsymbol{\Lambda}_r$ 产生偏离的主要原因。由于 $\boldsymbol{\Omega}$ 与 $\boldsymbol{\Lambda}_r$ 存在较大的差异,尤其是在近壁区。为避免剪切的影响,下文仅采用实特征向量衡量涡旋方向。

　　三维涡旋的方向代表了涡旋方向在空间内的真实分布,但平面 PIV 只能测量二维涡旋,而这些二维涡旋通常被认为是垂直于测量平面的,本文利用已知的三维速度场对二维涡旋的倾角进行计算,结果见图 4.7。由图可知,绝大多数的二维涡旋与平面间的倾角为 40°,但仍有一部分倾角较小(如−10°～10°)的涡旋被二维流场提取出来,所以已有文献(Marusic et al.,2004;Ganapthisubramani et al.,2006)中认为只有倾角较大的涡才能被提取的观点值得商榷。三维涡旋倾角的 PDF 的峰值位于区间[−10°,10°]内,说明空间中存在着很多与测量面平行的三维涡旋,较少存在与测量面垂

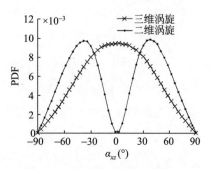

图 4.7　XZ 面内二维涡旋与三维涡旋的倾角($y^+=110$)

直的涡旋。由于三维涡旋的复杂性,二维平面 PIV 的广泛应用,以及各种以二维涡旋测量结果为前提的假设涡模型,我们更关心提取出的二维涡旋的实际方向,故下文仅给出二维涡旋方向的计算结果。

4.2.1 倾角

图 4.8~图 4.10 分别给出了从 XZ、XY 及 YZ 面内提取二维涡旋,并以 $\mathbf{\Lambda}_{\mathrm{r}}$ 衡量涡旋方向时,涡旋倾角在不同高程处的概率密度分布。

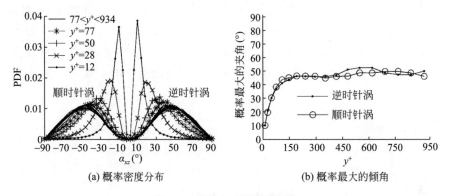

(a) 概率密度分布 (b) 概率最大的倾角

图 4.8 涡旋与 XZ 面的倾角

图 4.8(a)为涡旋与 XZ 面间倾角的概率密度分布。由于缓冲层内主要分布的是准流向涡(Robinson,1991),故导致 $|\alpha_{xz}|$ 主要分布在 $[0°,50°]$ 区间内,且概率密度最大的倾角为 $10°\sim20°$,与 Zhou et al. (1999)的结论一致。在对数区内,发夹涡逐渐产生,并在尾流区内成为主要的涡结构(Robinson,1991)。已有研究(Zhou et al.,1999;Theodorsen,1952;Head 和 Bandyopadhyay,1981;Marusic,2001)认为,发夹涡与床面主要成 45°倾角。由图 4.8(a)可知,随着 y^+ 的增大,α_{xz} 的分布逐渐向 $\pm45°$ 偏移,并在 $y^+>$ 80 后,所有概率密度分布曲线基本重合,且顺、逆时针涡旋的概率密度曲线基本对称,该结果从侧面反映出发夹涡对称的颈部及腿部。为便于对比顺、逆时针涡旋的倾角,图 4.8(b)中显示的是顺时针涡旋倾角的绝对值,图 4.9(b)及图 4.10(b)也采用此方法。顺、逆时针涡旋的概率密度最大的倾角沿 y^+ 方向的变化趋势及数值基本一致,即:在缓冲层及对数区内($y^+<140$),倾角沿 y^+ 方向迅速增大(与 Gao et al.,2007 一致),数值从 10°增加至 45°;在尾流区($y^+>140$)内,倾角沿 y^+ 方向基本不发生变化,数值在 45°附近波动。

　　图 4.9(a)为涡旋与 XY 面间倾角的概率密度分布。对比图 4.8(a)，α_{xy} 的概率密度在垂向分布得较为散乱，看不出统一的特性。随着 y^+ 的增大，正向涡的概率密度逐渐减小，曲线变得更低矮；但逆向涡概率密度逐渐增大，曲线变得更高耸。由此反映出：(1)正向涡的数量沿垂向递减，而逆向涡数量沿垂向递增，两者在槽道中心($y^+ = 934$)基本相等，与 Wu 和 Christensen(2006)及 Herpin et al. (2010)一致；(2)正向涡倾角的分布区间沿垂向基本不变，主要分布在 $-55°$ 附近；而逆向涡的分布区间逐渐向高值区偏移，倾角不断变大。图 4.9(b)更为直观地反映出两者倾角沿垂向的变化趋势。当 $y^+ < 150$ 时，正向涡倾角呈现出小幅度的增大，从 $40°$ 增加至 $55°$；当 $y^+ > 150$ 后，正向涡倾角基本在 $55°$ 附近波动。逆向涡倾角沿垂向不断增大，从 $20°$ 增加至 $55°$。在槽道中心两者的倾角基本一致。

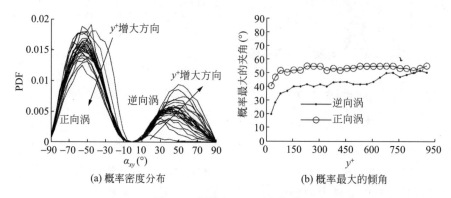

(a) 概率密度分布　　　　　　　　(b) 概率最大的倾角

图 4.9　涡旋与 XY 面的倾角

　　图 4.10(a)为涡旋与 YZ 面间倾角的概率密度分布。上、下游涡倾角的概率密度分布基本对称。由于缓冲层内主要是准流向涡，与 YZ 面的夹角接近垂直，导致 $|\alpha_{yz}|$ 主要分布在 $[50°, 90°]$ 区间内，概率最大的倾角为 $70° \sim 80°$。随着 y^+ 的增大，α_{yz} 的分布逐渐向 $\pm 55°$ 偏移，当 $y^+ > 80$ 后，所有概率密度曲线基本重合，与图 4.8(a)规律一致。由图 4.10(b)可知，上、下游涡的概率最大的倾角的变化趋势及数值基本一致。当 $y^+ < 150$ 时，倾角沿垂向递减，从 $80°$ 递减至 $55°$；当 $y^+ > 150$ 后，倾角沿垂向基本不变，维持在 $55°$ 附近。

4.2.2　投影角

　　涡旋的方向需要由倾角及投影角共同确定，上一节已经分析了倾角，本节将对投影角进行分析。图 4.11 给出了 3 个高度处 XZ 面内投影角的计

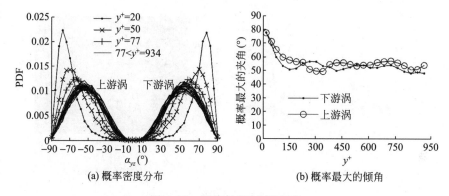

(a) 概率密度分布　　　　　　(b) 概率最大的倾角

图 4.10　涡旋与 YZ 面的倾角

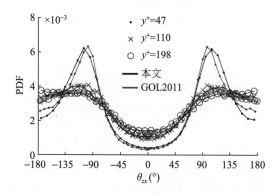

图 4.11　本文投影角与已有文献结果的对比

算结果,其中 GOL2011 为 Gao et al. (2011)的缩写,本文与 GOL2011 都采用实特征向量计算涡旋的投影角。可知,本文结果与 GOL2011 吻合得很好,趋势及数值都基本一致。在对数区内,投影角主要分布在 ±100°附近;随着 y^+ 的增加,投影角接近零的比重不断增加,峰值区的曲线变得更为平坦,但在 $y^+ > 100$ 后趋于稳定。

　　图 4.12~图 4.14 给出了投影角在不同高程处的概率密度分布,其中图(a)中的"PDF"为按照概率密度的定义计算的结果,而图(b)中"归一化的 PDF"为 PDF(y)/max[PDF(y)],即将每一个高度处的 PDF 除以该高度处 PDF 的最大值,以便更直观地显示峰值区的位置。

　　图 4.12 给出了 XZ 面内涡旋投影角 PDF 沿垂向的变化。结合图 4.12(a)及(b)可知,当 $y^+ < 110$,θ_{zx} 主要分布在 ±100°处,表现为图(a)中的尖耸峰值及图(b)中的局部深色区域;随着 y^+ 的增大,图(a)中的曲线变得更为平

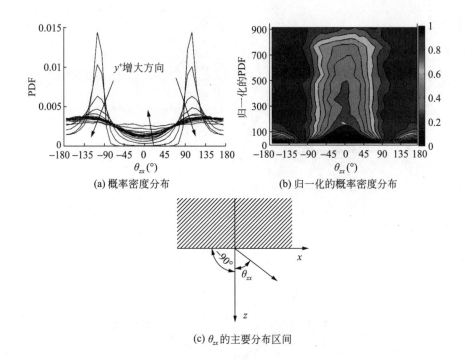

(a) 概率密度分布 (b) 归一化的概率密度分布

(c) θ_{zx} 的主要分布区间

图 4.12 XZ 面内涡旋的投影角

坦,图(b)中对应为在 $0<y^{+}<200$ 内深色区域不断增大,但在 $200<y^{+}<$
800 内基本保持固定的形状,在槽道中心处 PDF 几乎为一条水平线。大体
而言,θ_{zx} 的 PDF 的峰值区间主要分布在 $[-180°,-90°]\cup[90°,180°]$区间
内,见图 4.12(c)中的阴影区域。

图 4.13 为涡旋在 XY 面内的投影角沿垂向的变化。与图 4.12(a)相同
的是,在缓冲层内,θ_{xy} 的 PDF 存在尖耸峰值,随着 y^{+} 的增大,概率密度分布
逐渐稳定;与图 4.12(b)不同的是,峰值位置位于 $10°$及$-170°$附近,稳定后
的 PDF 曲线形状类似波浪形状,即使在槽道中心处仍然未发生明显变化。
按归一化 PDF 为 0.7 选择 θ_{xy} 的峰值区间为 $[-180°,-110°]\cup[0°,70°]$,见
图 4.13(c)中的阴影区域。

图 4.14 给出了 YZ 面内涡旋倾角沿垂向的变化。对比 XZ 及 XY 面内的
投影角,YZ 面内投影角的 PDF 在垂向收敛得更快,在缓冲层以外,PDF 曲线
基本重合。峰值的位置始终处于 $\pm180°$附近,按归一化 PDF 为 0.7 选择 θ_{zy} 的
峰值区间为 $[-180°,-90°]\cup[90°,180°]$,如图 4.14(c)中的阴影区域。

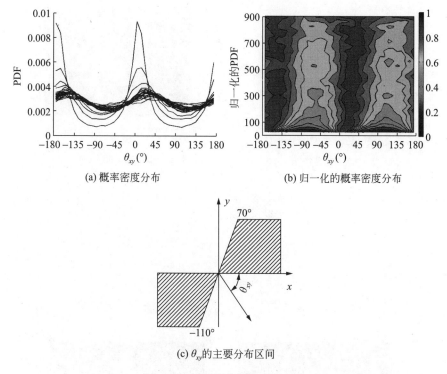

(a) 概率密度分布　　　　　　(b) 归一化的概率密度分布

(c) θ_{xy} 的主要分布区间

图 4.13　XY 面内涡旋的投影角

4.2.3　倾角与投影角的 JPDF

前两节分别单独分析了涡旋的倾角及投影角沿垂向的变化,本节将分析两者的联合概率密度分布(JPDF)。图 4.15～图 4.17 分别给出了三个面内倾角与投影角的 JPDF 沿垂向的变化,为便于比较,图中等高线采用统一的尺度。

XZ 面内涡旋倾角与投影角的 JPDF 见图 4.15。鉴于 $\alpha_{xz}>0$ 与 $\alpha_{xz}<0$ 的 JPDF 沿垂向的变化规律基本一致,下文仅分析 $\alpha_{xz}>0$ 的情况。在缓冲层内($y^+<30$),涡旋的方向较为单一,表现为图 4.15(a) 中的圆形区域,中心处 $\alpha_{xz}\approx20°$ 且 $\theta_{xz}\approx-20°$。随着 y^+ 的增大,高值区中心的 α_{xz} 增加至约 45°,并在对数区及外区保持基本不变,而 θ_{xz} 却始终维持在 $-20°$ 附近;高值区的形状从圆变为椭圆,再变为狭长型的椭圆,意味着涡旋的投影逐渐从有序变得无序。推测可知,如果是无限长的平板流动,在离平板无限远的位置,

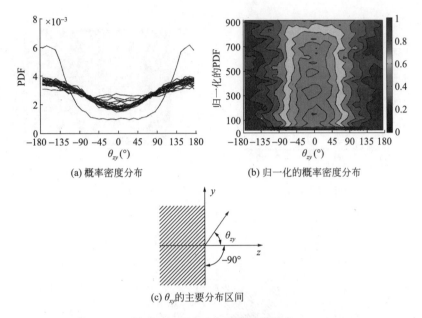

(a) 概率密度分布　　　　　(b) 归一化的概率密度分布

(c) θ_{xy} 的主要分布区间

图 4.14　YZ 面内涡旋的投影角

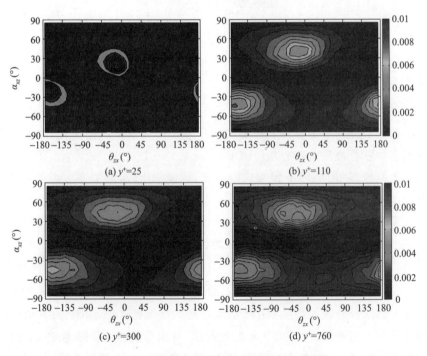

(a) $y^+=25$　　　　　(b) $y^+=110$

(c) $y^+=300$　　　　　(d) $y^+=760$

图 4.15　XZ 面内涡旋倾角与投影角的 JPDF

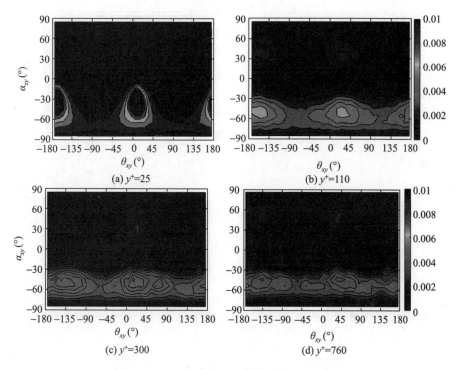

图 4.16　XY 面内涡旋倾角与投影角的 JPDF

倾角与投影角的 JPDF 将为均匀分布；近壁区生成的有序排列的准流向涡、发夹涡将在外区被破碎分解为随机分布的涡旋。

　　图 4.16 给出了 XY 面内倾角与投影角的 JPDF。与 XZ 面不同的是，图 4.16(a) 中近壁区内仅存在正向涡（$\alpha_{xz} > 0$），高值区中心的 $\alpha_{xz} \approx -40°$ 且 $\theta_{xz} \approx 10°$ 或 $-170°$。逆向涡在对数区产生，中心处的 $\alpha_{xz} \approx 40°$ 且 $\theta_{xz} \approx 20°$ 或 $-160°$。随着 y^+ 的增大，涡旋倾角的范围基本维持不变，但投影角的范围却遍布了整个区间。换句话说，涡旋与 XY 面间保持了一个较为稳定的夹角值，却不存在一个普遍的投影方向。

　　图 4.17 给出了 YZ 面内倾角与投影角的 JPDF。与图 4.15 一致，此处仅分析 $\alpha_{yz} > 0$ 的情况。在缓冲层内，JPDF 高值区的中心处 $\alpha_{yz} \approx 80°$ 且 $\theta_{zy} \approx 140°$。随着 y^+ 增大，高值区的倾角降至约 $45°$，而投影角的范围不断延伸至整个区间。与 XY 面一致，涡旋与 YZ 面间存在着较为有序的夹角，但无有序的投影角。

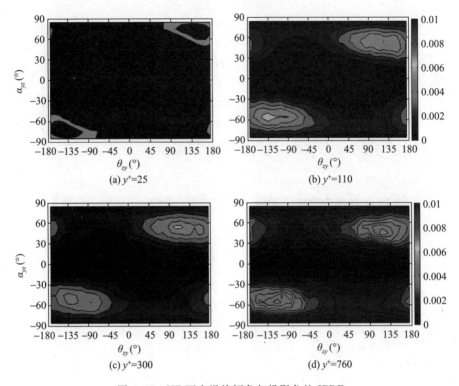

图 4.17　YZ 面内涡旋倾角与投影角的 JPDF

4.3　Ω 形发夹涡模型

　　"发夹涡"通常被用来形容由一条或者两条沿流向旋转的腿及一个沿展向旋转的头部所组成的对称或非对称的发夹形、马蹄形、Λ 形、Ω 形及弓形的涡结构(Wu,Christensen,2006)。由于涡旋的投影角不存在特定的范围,故本节仅利用 Ω 形的发夹涡模型(Zhou et al.,1999；Ganapathisubramani et al.,2006；Pirozzoli et al.,2008；Gao et al.,2011)对倾角的计算结果进行定性解释。

　　图 4.18(a)为涡旋与 XZ 切面的倾角示意图,XZ 面与 Ω 形发夹涡主要相切于两腿部或颈部。沿 x 轴负方向观察图 4.18(a)得到图 4.18(b),值得注意的是,由于准流向涡与 x 轴的夹角很小,故在图 4.18(b)中无法表示出来,但在图 4.8 中反映为倾角分布集中于低值区。由于顺、逆时针涡基本对称,导致两者倾角的概率密度分布基本一致,且倾角集中于 45°附近,与图 4.8 一致。

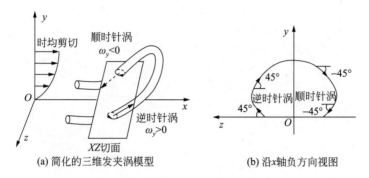

(a) 简化的三维发夹涡模型　　　(b) 沿x轴负方向视图

图 4.18　涡旋与 XZ 切面的倾角

图 4.19(a)为涡旋与 XY 切面的倾角示意图, XY 面与 Ω 形发夹涡主要相切于单边的腿部及颈部。图 4.19(b)为沿 y 轴负方向观察图 4.19(a)。因为流向涡仅在缓冲层较多, 故以虚线表示; 由于其与 XY 面的倾角接近 0°, 很难被二维涡识别方法捕捉到, 故没在图 4.9 中出现。正、逆向涡沿 A—A 线不对称, 正向涡倾角绝对值大于逆向涡; 由于 A—A 线右边正向涡的分布范围大于 A—A 线左边逆向涡的范围, 所以 XY 面切到的正向涡个数大于逆向涡, 造成图 4.9 中正向涡倾角的概率密度大于逆向涡。

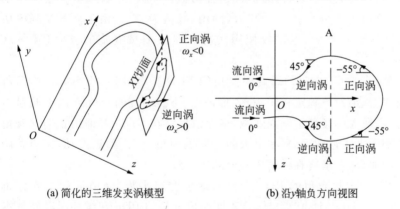

(a) 简化的三维发夹涡模型　　　(b) 沿y轴负方向视图

图 4.19　涡旋与 XY 切面的倾角

图 4.20(a)为涡旋与 YZ 切面的倾角示意图, YZ 面与 Ω 形发夹涡主要相切于两腿部或颈部。图 4.20(b)中的准流向涡以虚线表示, 其与 YZ 面的倾角接近 90°, 反映在图 4.10 中为倾角分布集于高值区。由于上、下游涡基本对称, 导致两者倾角的概率密度分布基本一致, 且倾角集于 55°附近, 与图 4.10 一致。

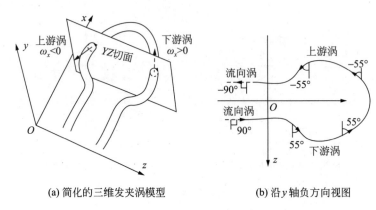

(a) 简化的三维发夹涡模型　　　　　(b) 沿 y 轴负方向视图

图 4.20　涡旋与 YZ 切面的倾角

4.4　小　　结

　　通过理论推导得出实特征向量的三组等价理论解,并详细介绍了二维、三维涡旋倾角及投影角的计算方法。对比涡量矢量及实特征向量间的差异可知:两者的夹角在缓冲层内较大;在对数区及外区,其概率密度分布基本稳定,数值主要分布在 $[0°,60°]$ 区间内,峰值为 $10°$。由于涡量受到剪切及大尺度运动的影响,本文仅使用实特征向量衡量涡旋的方向(倾角及投影角)。

　　XZ 面内顺、逆时针涡旋的倾角的 PDF 基本对称,概率最大的倾角沿垂向递增,绝对值稳定在 $45°$;YZ 面内上、下游涡旋的倾角的 PDF 也基本对称,概率最大的倾角沿垂向递减,绝对值稳定在 $55°$;XY 面内正向涡倾角的概率密度大于逆向涡,概率最大的正向涡倾角在 $55°$ 附近波动,逆向涡倾角不断增加,两者最终在槽道中心处趋于一致。

　　XZ 面内投影角的 PDF 沿垂向逐渐变得平坦,峰值区间主要分布在 $[-180°,-90°]\cup[90°,180°]$;$YZ$ 面的投影角的 PDF 在缓冲层以外基本重合,峰值区间为 $[-180°,-90°]\cup[90°,180°]$;$XY$ 面的投影角的 PDF 也在缓冲层外收敛,峰值区间为 $[-180°,-110°]\cup[0°,70°]$。

　　由倾角与投影角的 JPDF 可知,在近壁区内,涡旋的方向在空间排列具有规律性,但随着垂向距离的增大,由于涡旋间的相互作用、剪切及黏性对涡旋的作用,涡旋的方向在空间排列变得无序,以投影角尤为明显。可以用 Ω 形发夹涡模型来解释涡旋与切面间倾角的变化规律。

第5章 方腔槽道紊流相干结构

方腔流为典型的封闭槽道流动。带有方腔的槽道紊流广泛存在于水利工程领域,如内河挖入式港池、防波堤及丁坝群的回流区、水库下游的消力池、船闸引航道及盲肠河段或渠段的口门等。

方腔槽道紊流特性对方腔内物质输移具有很大的影响,例如内河港池、盲肠河段的口门经常发生泥沙的回流淤积、污染物的滞留;楼群密集交通拥堵的街巷存在空气不易流通、质量较差的区域。来流剪切层和涡旋结构,在向下游发展的过程中,冲撞在方腔的底部和下游边墙,引起了强烈的掺混及特殊的相干结构模式,这与顺直槽道紊流存在显著的差异。开展来流条件对方腔槽道紊流相干结构影响的实验研究,将有助于认识方腔内污染物和泥沙的输移规律。

5.1 实验系统和实验条件

带有方腔的槽道流动测量系统由两部分组成,分别为自循环式方腔水流系统和 PIV 系统,见图 5.1。方腔水流系统由大水箱、栅格、水管、水泵、流量开关、过渡槽道段及方腔组成,见图 5.1(a)。大水箱的作用类似小型水库,用以提供充足的水源,其较大的表面积能保证系统内水位的稳定性。水流的动力系统采用 LRS25-6 型屏蔽式增压泵,其最大流量为 $3\text{m}^3/\text{h}$,对应的雷诺数(以进口处水力半径及平均流速衡量)可达 5000;为精细调整系统的流量,添加流量开关,实验时可充分模拟水流从层流至紊流的变化过程。为保证水管的圆形断面($d=2.5\text{cm}$)平稳过渡至方腔入口的矩形断面($4\times2)\text{cm}^2$,采用长为 25cm 的过渡段连接水管及方腔。出水口处设有栅格,用以整流及消除大尺度结构,并减小水面的波动。

本系统中方腔槽道尺寸为$(8\times4\times6)\text{cm}^3$,由上下对称的方腔及中间的主流区组成,其中方腔长度 $L=8\text{cm}$,宽度 $W=4\text{cm}$,深度 $D=2\text{cm}$。由 Sarohia(1977)和 Ahuja,Mendoza(1995)的研究可知:当 $L/W>1$ 时,方腔内水流形态主要为三维,反之为二维;当 $L/D>8$ 时,方腔为封闭式,反之为

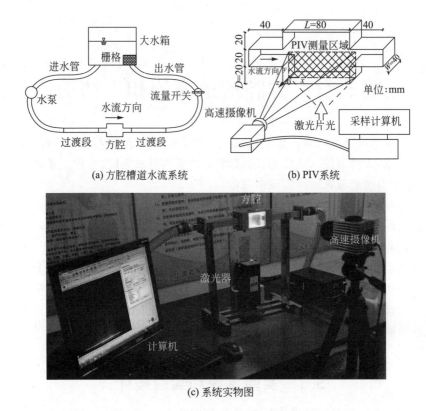

(a) 方腔槽道水流系统   (b) PIV系统

(c) 系统实物图

图 5.1 带有方腔的槽道流动测量系统

敞开式;当 $L/D<1$ 时,方腔为深腔,反之为浅腔。故本文的方腔属于三维敞开式浅腔,即剪切层在方腔入口的台阶处分离,在未冲撞下游边壁前接触凹腔底面,并沿展向(z)具有一定的摆动。方腔的背面为不锈钢,上下和前面为玻璃,以便于激光从方腔底面往上垂直照射,高速摄像机透过方腔前面拍摄激光照亮区域获取实验图片。

    方腔中垂面的二维瞬时流速场测量采用自主开发的二维高频 PIV 系统,由高速摄像机、连续激光器、示踪粒子及 PIV 计算软件组成,见图 5.1(b)和(c)。PIV 技术可以无干扰地测量平面内各点的二维流速矢量,是目前实验流体力学领域应用最广泛的流速测量技术。NR3-S3 高速摄像机的CMOS 大小为 1280×1024 像素,采样频率最高可达 $2500\,\mathrm{Hz}$;为兼顾进光量和图像变形两方面的要求,为高速相机配备了佳能 EF 85mm $f/1.2L$ USM 镜头。采用功率为 2W 的 Nd-YAG 型连续激光器,波长 532nm。示踪粒子为 HGS-10 型空心玻璃微珠,粒径为 $10\mu m$。采用自主编写的 PIV 软件计算流场,算法为多级窗口迭代的定网格图像变形算法(具体见 5.2 节),通过不断减小诊断窗口的尺寸,并同时利用流场信息对诊断窗口进行变形来提高计算的精度。

　　具体实验步骤为:(1)先在水箱中注入充足的水量,打开水泵使系统中形成某一较小的流量;(2)按照预设的雷诺数,调节水泵的功率及流量开关,使实验雷诺数接近预设值;(3)向水流中加入适宜浓度的示踪粒子,等待 15~20 分钟至水流系统充分稳定;(4)调节激光使其照亮测量区域,示踪粒子在激光的照射下发生散射,形成较好的可视化图形;(5)调整镜头与激光片光间的距离、镜头与相机间的距离改变图像分辨率,调节相机至清晰成像,利用相机的高频采样能力拍摄并存储实验图片序列。

　　本实验采样频率为 800Hz,采样容量为 80001 帧,图片分辨率为 12pixels/mm($83.3\mu m$/pixel)。共进行了七组不同雷诺数的实验,实验条件见表 5-1。雷诺数定义为 $Re=RU_{mean}/\nu$;ν 为运动黏滞系数,水力半径 R 由方腔进口断面(未扩大前)计算而得,平均流速 U_{mean} 为方腔进口断面(未扩大前)处速度的平均值。由 Holman(1986)可知,当 $Re<575$ 时槽道内流态为层流,当 $575<Re<1000$ 为过渡流,当 $Re>1000$ 时为紊流,故本实验中测次 1 为层流,测次 2 为过渡流,其他测次为紊流。

表 5-1　实验水流条件

测次	温度/℃	ν $m^2/s\times10^{-6}$	流量 m^3/h	U_{mean} cm/s	Re —
1	18.0	1.058	0.11	3.8	240
2	17.5	1.084	0.29	9.9	610
3	18.0	1.058	0.49	17.0	1070
4	18.0	1.058	0.89	30.9	1950
5	18.5	1.045	1.22	42.2	2670
6	19.3	1.024	1.58	54.7	3560
7	19.0	1.032	1.87	64.9	4190

　　当获得实验图片后,利用 PIV 软件计算可获得测量平面 xy 内的二维速度点阵,其后可进行各种参数的时均统计(如时均流速 U、V;紊动强度 u'、v';雷诺应力 τ_R;涡量 ω_z 等)、谱分析(如傅里叶变换、本征正交分解等)

及涡旋的提取(如密度、半径等)。综合分析各种参数间的相关性,建立方腔槽道紊流相干结构的唯象模型,加深对方腔流动物理现象及其机理的理解。

5.2　多级窗口迭代的定网格图像变形算法

二维平面 PIV 已被广泛应用于二维瞬时流场的测量,其测速算法显著影响 PIV 的测速范围和测量精度。20 世纪 90 年,Keane 和 Adrian(1990)提出了经典的互相关算法,但由于诊断窗口位置固定不变,导致部分粒子移出诊断窗口,从而使信噪比降低和计算误差增大。为减少因诊断窗口固定造成粒子"配对减少"的现象,可采用窗口平移算法,即选定第一帧图片中窗口的位置,将第二帧图片中匹配的诊断窗口整体移动适当的位置来跟随粒子在流场中的运动,如移动整数像素位置(Soria,1996;Westerweel et al.,1997)或亚像素位置(Lecordier et al.,1999)。但当诊断窗口内粒子的运动规律不一致(如强旋转或剪切流),窗口平移算法的效果将显著降低。

为在复杂流态下更好地跟随诊断窗口内的粒子,可采用网格细分或图像变形法。网格细分法采用多级网格迭代法(Scarano 和 Riethmuller,1999),计算的网格尺寸随迭代次数不断减小,采用大网格计算较大范围的整体位移,根据大网格的位移量移动次级网格的诊断窗口,再用次级网格计算精度更高的微量位移,两者相加得出总位移,从而提高算法的可测速度范围及空间分辨率。图像变形最早由 Huang et al. (1993)提出,通过将诊断窗口按当地流场的运动形态进行扭曲变形,从而最大限度跟随粒子的运动。下面分别对这两种方法进行简单介绍。

多级网格迭代法的主要贡献在于提高了空间分辨率和计算精度,增大了速度的测量范围。Scarano 和 Riethmuller(1999)指出,对于无多级网格迭代的算法,其可测速度范围如下:

$$\frac{U_{max}-U_{min}}{U_{min}}=\frac{l_{max}}{l_{min}}-1=c_1\frac{W_0}{l_{min}}-1 \tag{5.1}$$

其中,U_{max}、U_{min} 为可测的最大、最小速度;l_{max}、l_{min} 为可测的最大、最小位移;W_0 为诊断窗口的边长;$c_1=l_{max}/W_0$。为保证较高的置信度,c_1 值一般不超过 $0.2\sim0.3$,即"1/4 准则"。

引入多级网格迭代法后,利用大网格诊断窗口的计算位移对次级网格诊断窗口进行平移,从而解耦可测最大位移与小诊断窗口边长间的联系,新的测速范围如下:

$$\frac{U_{\max}-U_{\min}}{U_{\min}}=c_1'\frac{RW_k}{l_{\min}}-1 \tag{5.2}$$

其中 k 是多级网格的级数,网格尺寸从大到小排列;W_k 是 k 级诊断窗口的尺寸,$k=1,2,\cdots,K$;$R=W_1/W_k$,是网格细化比例因子;$c_1'=l_{\max}/W_1$,$c_1'\in[0.2,0.3]$。

对比(5.1)和(5.2)两式可知,对于诊断窗口最终尺寸一致($W_0=W_k$)的无迭代算法与多级网格迭代算法,多级网格算法可将速度梯度测量范围增大约 R 倍。故应用多级网格迭代法可消除 $l_{\max}$ 与 W_k 间的"1/4 准则"限制,极大提高了速度测量的范围,但需指出的是,初级诊断窗口的尺寸仍受"1/4 准则"的制约。

图像变形算法按照流场运动形态对诊断窗口进行变形,从而使两幅计算图片间的配对粒子数量达到最大,提高位移计算精度。由于诊断窗口内粒子的位移并不相等,而是存在空间分布,Scarano 和 Riethmuller(2000)用泰勒展开法对位移分布进行拟合,对于 (x,y) 点的速度 $u(x,y)$,其关于 (x_0,y_0) 点的二阶泰勒展开式如下:

$$
\begin{aligned}
u(x,y) ={} & u(x_0,y_0)+u_x(x-x_0)+u_y(y-y_0)+\frac{1}{2!}[u_{xx}(x-x_0)^2+\\
& u_{xy}(x-x_0)(y-y_0)+u_{yy}(y-y_0)^2]+O(x-x_0)^3+\\
& O(y-y_0)^3
\end{aligned}
\tag{5.3}
$$

其中 $x\in[x_0-0.5W,x_0+0.5W]$,$y\in[y_0-0.5W,y_0+0.5W]$,W 是诊断窗口尺寸,(x_0,y_0) 为诊断窗口中心坐标,u_x、u_{xx} 分别为 u 对 x 的一阶和二阶导数,其他偏导数的定义类似;$v(x,y)$ 的展开同理。

由(5.3)式可知,窗口平移算法实际上是用 0 阶泰勒展开法对诊断窗口进行变形。图 5.2 比较了经典互相关、窗口平移及图像变形算法对诊断窗口进行变形的差异。图中,A、B 表示两幅图片中用来进行互相关计算的诊断窗口;实圆圈表示真正匹配的相关粒子,空圆圈代表不匹配的粒子;B 图中实线框、虚线框及点划线框分别表示互相关、窗口平移及图像变形算法采用的诊断窗口。对于互相关算法,由于没有采用窗口平移技术,B1 中含有较多的不匹配粒子干扰相关计算,所以 Keane 和 Adrian(1990)提出"1/4 准则"来限制不匹配粒子所占的比重。窗口平移算法通过适当平移诊断窗口的像素以跟随粒子的运动,较大地减少了不匹配粒子的比重(B2 中的虚线框),从而弥补了经典互相关算法的不足;但该算法只在诊断窗口内粒子位移差异较小的条件下有效,对于存在较大流速梯度的流场,B3 虚线框内仍

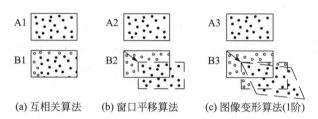

(a) 互相关算法　　　(b) 窗口平移算法　　　(c) 图像变形算法(1阶)

图 5.2　不同算法下的窗口变形

存在较大比重的不匹配粒子,导致计算精度降低。图像变形算法利用流速梯度对诊断窗口进行变形(B3 中的点画线框),极大地减少了不相关粒子的比重,增大了位移计算的精度。

对诊断窗口进行变形时,采用泰勒展开法近似,计算过程较为复杂,计算量也较大,有必要采用简单的方法来近似考虑速度梯度引起的变形。Scarano(2002)将互相关计算的网格节点位移,用双线性插值法插值到图像中每一个像素点,构建像素点位移场,利用像素点位移场进行图像变形,相当于对诊断窗口按流场信息进行了变形;线性插值可以看成 1 阶泰勒展开,高阶的插值方法近似于高阶的泰勒展开,从而速度梯度引起的变形就可以通过插值方法来近似。

综合以上两种方法,本文编写了多级窗口迭代的定网格图像变形算法,先按最小诊断窗口的尺寸划分网格,在每一个网格点上按照诊断窗口从大到小进行迭代计算,同时应用图像变形算法对窗口进行变形。由于始终采用最细的网格,且同时利用窗口迭代及图像变形,算法的精度得到了极大的提高,其详细的计算步骤如下:

(1)按最小诊断窗口尺寸划分网格,在每一个网格节点上,对两帧图片进行大诊断窗口的位移计算,得到粗略的位移场,剔除不合理数据并插值,建立一帧与第一帧图片相同的临时图片;

(2)根据相邻区域内大诊断窗口计算的节点位移插值得到诊断窗口内每个像素点的位移,得出像素点位移场;

(3)按照像素点位移场找出第一帧图片中的粒子运动到第二帧图片的位置,插值计算该位置的灰度值并赋给临时图片中与第一帧图片对应的像素点(即图像变形);

(4)细化诊断窗口尺寸,计算临时图片相对于第一帧图片的小位移;

(5)将前后两级诊断窗口的节点位移相加,得到总位移,剔错插补,得到次一级窗口下的节点位移;

（6）重复（2）～（5）步，或当达到迭代次数时结束计算，算法的计算流程见图 5.3。

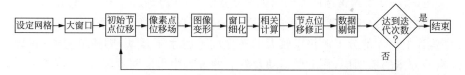

图 5.3 多级窗口迭代的定网格图像变形算法计算流程图

在以上步骤中，需要注意以下问题：

（1）为保证足够的计算置信度，初级诊断窗口的尺寸应该满足 1/4 准则；

（2）需要利用一定的拟合方法，确定相关系数峰值的亚像素位置；

（3）像素点位移场的插值算法会影响图像变形的质量；

（4）若两幅图片都分别进行了 1/2 位移的变形，而计算区域固定在中心位置，则可得到二阶精度的位移估计；

（5）当像素点位移的终点不处于整数像素时，需要进行亚像素点灰度插值；

（6）较优的剔错算法可以有效剔除错误矢量；

（7）采用 FFT 法进行互相关计算会引入频谱泄露等问题，必须通过加窗函数来降低此项影响；

（8）由上一级窗口的像素点位移场计算次一级窗口内像素点位移的平均值，加上次一级窗口相关计算的位移，得出次一级窗口的节点位移。

5.3 时均流场

采用多级窗口迭代的定网格图像变形算法计算方腔内的流场，其中相关系数峰值拟合采用 3 点高斯公式（Forliti et al., 2000），亚像素点灰度值插值采用双线性插值法（Scarano, 2002），像素点位移场构建采用 2 阶 B 样条插值法（Astarita, 2008），数据剔错采用标准化中值检验法（Westerweel 和 Scarano, 2005），并添加高斯窗函数进行 FFT 相关系数计算（Florio et al., 2002）。诊断窗口的大小依次为 64×64、32×32 和 16×16 像素，每个组次计算得到 80000 个瞬时流场，每个瞬时流场包含 60×22 个速度点，可统计得到每个空间点的时均参数（时均速度、紊动强度、雷诺应力等）。利用统计学中的自助重取样法（bootstrap resampling technique）（Efron 和 Tibshirani，1993）对参数的计算结果进行不确定性分析，得到在 95% 的置信区间范围内，时均流速、紊动强度及雷诺应力的测量误差分别为 ±0.1%、±1.6% 和 ±4.4%。

图 5.4 给出了带有方腔的槽道流动示意图，槽道上游来流在导边处分离，其中绝大部分来流仍以较大的速度向下游水平运动，即槽道主流；在导边处分离的剪切层，往下游运动及发展的过程中可能与方腔底部、下游边墙及随边冲撞，导致这一区域的流态十分复杂。为下文叙述方便，带有方腔的槽道简称"方腔"。

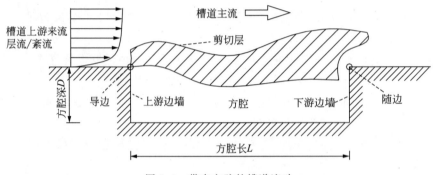

图 5.4　带有方腔的槽道流动

图 5.5 给出了 $Re=240$ 与 $Re=4190$ 组次的时均流场，两者的流场结构基本一致。由图 5.5(a)可知，流速较大的区域主要集中在主流区，而方腔内的流速较小；方腔上游边墙附近的流速很小，但由于剪切层在随边冲撞，导致一部分流速较大的流体沿着方腔下游边墙潜入方腔底部，再返回主流区，形成类似的环流结构，对应图 5.5(b)中的大环流。此外，方腔的左下角存在一个小环流，大小环流的旋转方向相反，小环流可能由大环流局部上升的流体所诱导产生。对比方腔内的复杂流态，主流区的流线基本水平。

图 5.6 为 $Re=240$ 与 $Re=4190$ 组次的紊动强度、雷诺应力及涡量场，各参数都用相应组次的时均流速进行无量纲化。层流流态下，紊动强度高值区主要分布在主流区内，由于剪切层轻微冲撞随边，导致随边附近亦有少量高值区存在，见图 5.6(a)和(b)的左图。紊流流态下，紊动强度基本沿 x 方向增大，从导边处以锥形向下游扩散增大，由于剪切层与随边及下游边墙发生强烈冲撞，导致此区域内的紊动强度最大，见图 5.6(a)及(b)的右图；另外由于一部分沿下游边墙下潜的流体再次冲撞在方腔底部，导致此处也存在较大的紊动强度，见图 5.6(a)右图中方腔底部的极值区。对比纵向和

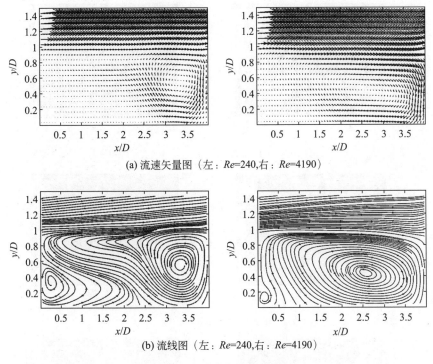

(a) 流速矢量图（左：Re=240,右：Re=4190）

(b) 流线图（左：Re=240,右：Re=4190）

图 5.5　方腔内的时均流速场

垂向紊动强度可知,两者差异主要在导边及随边附近,剪切层在导边后突然失去固壁边界的束缚发生分离,随后又冲撞在随边,因剪切层主要为水平运动的流体,故相应位置处纵向紊动强度大于垂向紊动强度。

　　图 5.6(c)为雷诺应力在方腔内的分布,其表征了流体间掺混的强弱。层流流态下,剪切层仅冲撞随边,导致雷诺应力高值区出现在随边上游,见图 5.6(c)左图。紊流流态下,雷诺应力的最大值出现在随边的稍上游处,并向上游逐渐减小;由于一部分流体沿下游边墙下潜,导致方腔内也存在掺混较大的区域,而方腔上游部分的掺混程度则较小,见图 5.6(c)右图。

　　由图 5.6(a)～(c)可知,层紊流间差异主要由剪切层与随边及下游边墙冲撞的强度不同所致。

　　涡量在空间的分布见图 5.6(d),在剪切流中涡量主要反映剪切强度的大小。层流与紊流流态下的涡量分布基本一致,因为剪切层在导边处分离,而主流区与方腔内存在较大的流速梯度,故导致涡量的高值区主要集中在方腔与主流的交界线(y/D=1)附近,且最大值位于导边附近。

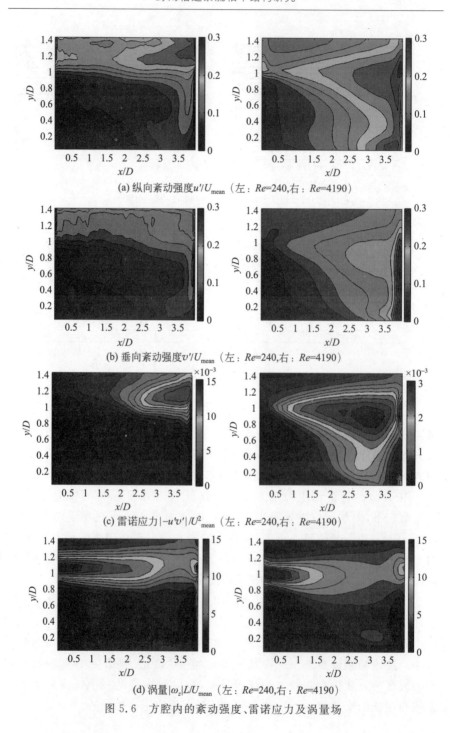

(a) 纵向紊动强度u'/U_{mean}（左：$Re=240$,右：$Re=4190$）

(b) 垂向紊动强度v'/U_{mean}（左：$Re=240$,右：$Re=4190$）

(c) 雷诺应力$|-u'v'|/U^2_{\text{mean}}$（左：$Re=240$,右：$Re=4190$）

(d) 涡量$|\omega_z|L/U_{\text{mean}}$（左：$Re=240$,右：$Re=4190$）

图 5.6　方腔内的紊动强度、雷诺应力及涡量场

5.4　大尺度环流

如图 5.5(b)所示,方腔内存在两个旋转方向相反、大小不同的时均环流,且这两个环流在所有实验测次($Re=240\sim4190$)中均存在,见图 5.7。为与已有文献(Uijttewaal et al.,2001;Sanjou et al.,2012)中的命名一致,本文中将顺时针旋转的大环流命名为 PG(primary gyre),而将逆时针旋转的小环流命名为 SG(secondary gyre)。大环流 PG 由剪切层与随边及下游边墙冲撞形成,它反映了方腔与槽道主流间的动量交换;PG 主要位于方腔的下游部分,且紧贴下游边墙。小环流 SG 位于方腔的左下角,紧贴上游边墙。观察可知,SG 总是位于 PG 左下方的抬升流附近,故推测 SG 是由 PG诱导产生的。以上实验结果与 Grace et al.(2004)、Özsoy et al.(2005)及Kang 和 Sung(2009)的结论一致。

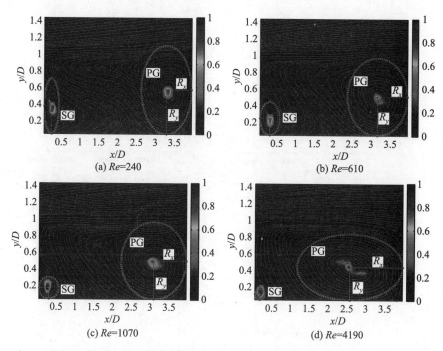

图 5.7　旋转强度场(云图)及大尺度环流(流线)

两个环流与雷诺数间存在密切的联系,即随着雷诺数的增大,大环流PG 逐渐增大并向上游迁移,而小环流 SG 却不断减小并向方腔左下角靠近,这种现象在一些文献(Grace et al.,2004;Özsoy et al.,2005;Faure et al.,2007)中被定性地提到过。为量化环流随雷诺数的变化,引入三个特征参数,分别为:环流的中心位置、名义半径和两环流间的距离。本文用旋转强度法从时均流场中提取环流,将 $\lambda_{ci}/\lambda_{ci}^{MAX} \geqslant 0.9$ 的区域定义为环流的核心区,其中旋转强度 λ_{ci} 的定义及计算方法见 2.1 节,λ_{ci}^{MAX} 为流场中旋转强度的最大值;并将核心区的几何中心定义为环流的中心。两环流间的距离定义为 PG 中心与 SG 中心的距离。图 5.7 中的椭圆虚线能基本刻画环流所在的区域,故将环流的名义半径定义为 $R = \sqrt{R_x R_y}$,其中 R_x、R_y 分别为环流中心与上下游边墙及方腔底部的距离。

　　环流的特征参数随雷诺数的变化见图 5.8,参数数值都以方腔深度 D 为单位。图 5.8(a)中,为清晰显示大环流中心位置的变化,中心纵坐标采用了较小的比例;PG 的中心 x 及 y 坐标都随雷诺数的增大而减小,表明大环流不断向上游及方腔内部运动。与大环流相似,小环流 SG 不断向上游

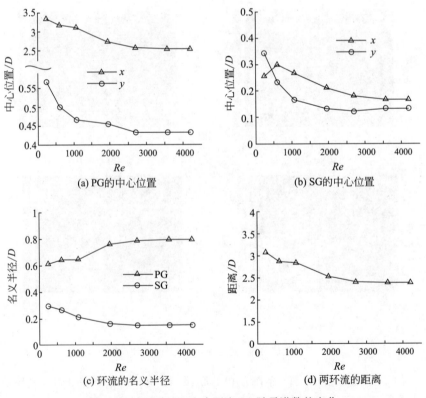

图 5.8　大环流 PG 和小环流 SG 随雷诺数的变化

和方腔左下角运动,见图 5.8(b)。当 $Re>2600$ 后,环流中心位置便不再改变,大小环流中心分别稳定在 $(2.53D,0.43D)$ 和 $(0.17D,0.13D)$。图 5.8(c)中,随着雷诺数的增大,PG 的半径不断变大,而 SG 的半径不断减小;且当 $Re>2600$ 后,两环流的半径分别稳定为 $0.80D$ 及 $0.15D$。PG 与 SG 间的距离也随着雷诺数的增大而减小,并最终稳定在 $2.4D$ 附近。三个特征参数都在 $Re>2600$ 后趋于稳定,该结果是否适用于其他类型的方腔流还有待进一步地检验。

图 5.9 为方腔内雷诺应力场,以雷诺应力最大值进行归一化。当雷诺数较小时,雷诺应力的高值区仅出现在随边附近,见图 5.9(a);随着雷诺数的增大,如图 5.9(b)~(d)所示,高值区不断变大,并沿着槽道主流与方腔的交界线向上游不断迁移,且雷诺应力的最大值位于导边下游 $3/4L$ 的位置,与文献(Özsoy et al.,2005;Manovski et al.,2007;Haigermoser et al.,2008;Haigermoser,2009)的结果一致。

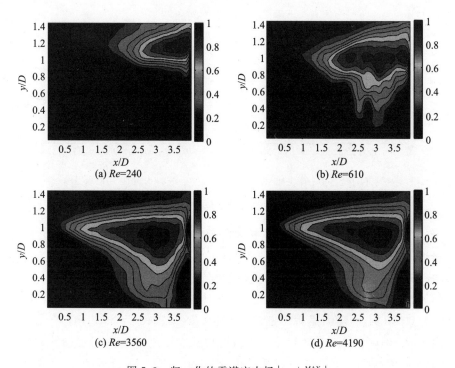

图 5.9　归一化的雷诺应力场 $|\tau_R/\tau_R^{MAX}|$

为定量研究雷诺应力随雷诺数的变化规律,及其与环流间的联系,定义

以下特征参数。定义"p 值区"为 $|\tau_R/\tau_R^{MAX}| \geqslant p$ 的区域；Ar 为 p 值区的面积与 PIV 测量区域面积的比值；r_p 为与 p 值区面积相等的圆的等效半径。不同 p 值下，特征参数随雷诺数的变化见图 5.10。

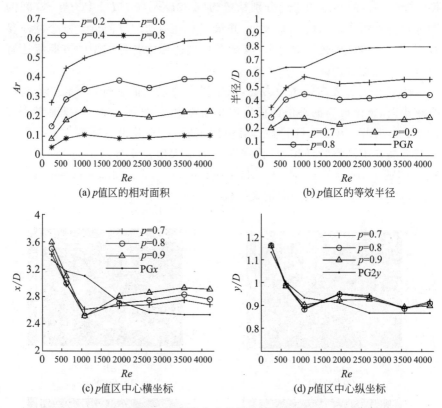

(a) p 值区的相对面积   (b) p 值区的等效半径

(c) p 值区中心横坐标   (d) p 值区中心纵坐标

图 5.10　雷诺应力场随雷诺数的变化

在图 5.10(a) 中，不同 p 值下，随着雷诺数的增大，Ar 呈现不断增长的趋势；但当 $Re > 2000$ 后，p 值较大条件下的 Ar 却很快稳定，表明雷诺应力的高值区的范围随着雷诺数的增大很快稳定。图 5.10(b) 中给出了 p 值区的等效半径，为相互比较，也给出了大环流 PG 的名义半径。可见，当 $Re = 240 \sim 1000$ 时，r_p 随雷诺数不断增大；但当 $Re > 2000$ 后，r_p 基本趋于稳定。除了 $Re = 1000 \sim 2000$ 区间，r_p 的变化趋势基本与 PG 半径一致。图 5.10(c)、(d) 为 p 值区中心坐标随雷诺数的变化，中心 x 及 y 坐标都在 $Re = 240 \sim 1000$ 区间内呈现下降趋势，并在 $Re > 1000$ 后趋于稳定。以 $p = 0.9$ 为例，稳定的雷诺应力高值区中心坐标为 $(2.90D, 0.90D)$，半径为 $0.25D$。对比

图 5.10(c)与(d)可知,相比中心 x 坐标,雷诺应力高值区中心 y 坐标与大环流 y 坐标间存在更好的相关关系。

5.5　涡旋的空间分布

利用旋转强度法提取 xy 面内每个瞬时流场中的瞬时涡旋,并统计涡旋的密度,具体方法参见 3.1.2 节。为确保样本信息的独立性,以 80 帧为间隔从原流场序列中抽取以下序列 $80n+1$($n=0,1,2,\cdots,999$)计算涡旋密度。新样本中相邻两个流场间的时间间隔为 $T=80/800=0.1\mathrm{s}$,远大于涡旋在方腔内的时间尺度。

图 5.11 给出了四种雷诺数下涡旋密度在方腔内的分布,其中每个子图中,左一为逆时针旋转的涡旋密度,中间为顺时针旋转的涡旋密度,右一为前两者的拼接图。当槽道内流态为层流($Re=240$)时,逆时针涡旋主要集中在方腔下半部分的中部,而顺时针涡旋出现在槽道主流及下游边墙附近,见图 5.11(a)。随着雷诺数的增大,逆时针涡旋逐渐向上游迁移,并向方腔左下角聚集;而顺时针涡旋则不断发展直至几乎覆盖整个方腔,见图 5.11(b)~(d)。

当流态为层流时,方腔内仅存在一个涡旋密度高值区,如图 5.11(a)中的 B 区;但当流态为紊流后,方腔内出现了两个涡旋密度高值区,一个为导边下游的 A 区,另一个为下游边墙上游处的 B 区;随着雷诺数的增大,A 区的位置似乎保持稳定,而 B 区的位置在不断向上游移动,见图 5.11(b)~(d)。B 区位置随雷诺数增大而向上游迁移的现象与 Özsoy et al.(2005)的结果一致。

如图 5.11 中每个子图的右一所示,逆时针涡旋与顺时针涡旋在空间的分布几乎可以被完美地拼接在一起,而逆时针涡旋总位于顺时针涡旋密度的高值区附近,故可推测,逆时针涡旋由顺时针涡旋诱导产生。顺时针涡旋的 B 区中心位于大环流 PG 的左下角,而逆时针涡旋中心位于小环流的右上角,涡旋被相同旋转方向的环流所束缚,并在环流中引起了强烈地掺混。

涡旋引发了周围流体间的动量交换,因此,涡旋密度总被认为与雷诺应力间存在很强的相关性,如 Lin 和 Rockwell(2001)认为雷诺应力可能由涡旋的作用而产生;Özsoy et al.(2005)发现在槽道主流与方腔的交界线上,

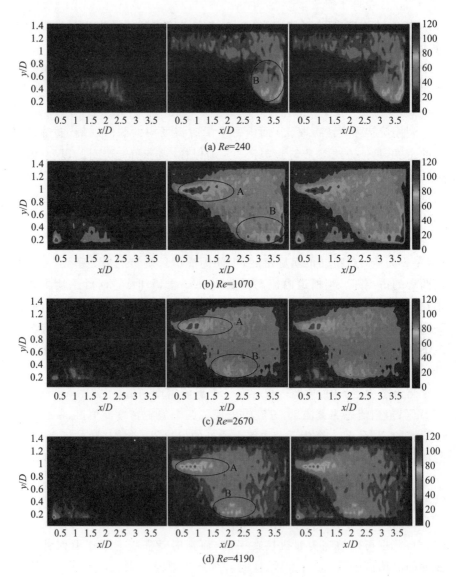

图 5.11　涡旋密度在空间的分布

左：逆时针涡旋；中：顺时针涡旋；右：两者拼接图

雷诺应力高值区与涡旋密度高值区的空间位置较为接近。

　　图 5.12 给出了涡旋密度（灰度图）与雷诺应力（等高线）的比较，两者都以各自的最大值进行了归一化。顺时针涡旋与雷诺应力在空间上分布较为接近，而逆时针涡旋与雷诺应力的相关性很差。与雷诺应力的 p 值区一

致,本小节定义顺时针涡旋密度的 p 值区,并定义 $RA = A1/A2$,其中 A1、A2 分别为雷诺应力及顺时针涡旋密度 p 值区的面积。

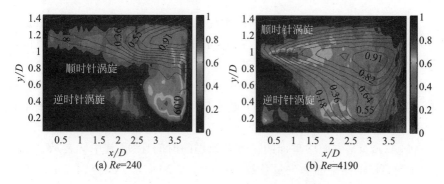

(a) $Re=240$　　　　　　　　　(b) $Re=4190$

图 5.12　涡旋密度与雷诺应力在空间分布位置的比较

图 5.13(a)给出了两者面积比值 RA 随雷诺数的变化,当 p 值较小时($p \leqslant 0.5$),RA 取值接近 1,并几乎不随雷诺数发生变化;当 p 值增大后($p \geqslant 0.7$),RA 迅速增大,但与雷诺数的关系变得十分复杂。总的来说,当 p 较小时,雷诺应力与顺时针涡旋的面积较为接近,且 p 越大,两者的面积差异越大,这种差异和雷诺数不存在相关关系。

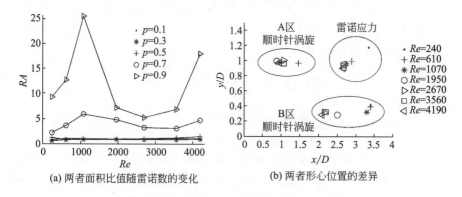

(a) 两者面积比值随雷诺数的变化　　　(b) 两者形心位置的差异

图 5.13　顺时针涡旋与雷诺应力的比较

图 5.13(b)给出了 $p=0.7$ 时两者的中心位置,可见雷诺应力高值区和顺时针涡旋密度高值区完全不重合。雷诺应力和涡旋密度虽然在顺直槽道中存在相关关系,但在带有方腔的槽道中几乎不存在相关性,这种差异主要由剪切层在随边和下游边墙的冲撞引起。

5.6　POD 分析

　　POD 方法将流速场序列投影到最优函数空间,使得流速场在该最优函数空间投影的平均能量比其他函数空间(如 Fourier 基空间)都大,而该最优函数空间的解为流速场序列的空间相关系数矩阵的特征向量空间。Sirovich(1987)提出等价的 Snapshot POD 方法,用时间相关系数矩阵代替空间相关系数矩阵,当时间序列个数小于空间点个数时,可大幅度减小计算量。

　　令 $A(r,t)$ 是方腔中垂面的二维流速场的时间序列,其中 r 表示二维速度点阵的集合,则平面内矢量总数 $N(r)=2N_xN_y,N_x,N_y$ 分别表示 x,y 方向测点的个数,2 表示有 2 个速度分量;$t(1{\leqslant}t{\leqslant}M)$ 表示测量样本个数。当 $M{<}N(r)$ 时,$A(r,t)$ 在特征向量空间的 Snapshot POD 分解公式如下:

$$\begin{cases} A(r,t) = \sum_{k=1}^{M} a_k(t)\Psi_k(r) \\ a_k(t) = (A(r,t),\Psi_k(r)) \end{cases} \tag{5.4}$$

其中 $\Psi_k(r)$ 称为第 k 阶模态,与 $A(r,t)$ 的时间相关系数矩阵的特征向量相关,$a_k(t)$ 为速度场序列 $A(r,t)$ 在 $\Psi_k(r)$ 上的投影系数,$\sum_t a_k(t)^2$ 是在 $\Psi_k(r)$ 上投影能量的总和。

　　$\Psi_k(r)$ 的计算公式如下:

$$\begin{cases} C_s(t,t') = \iint_S A(r,t)A(r,t')\mathrm{d}r \\ [\Phi,\Lambda] = \mathrm{eigen}(C_s) \\ \Psi = (A \cdot \Phi) \cdot \Lambda^{-1/2} \end{cases} \tag{5.5}$$

其中 C_s 表示 $A(r,t)$ 的时间相关系数矩阵;eigen 表示对 C_s 矩阵计算特征值对角阵 Λ 及特征向量矩阵 Φ;对角阵 Λ 中的特征值 $\lambda_k(1{\leqslant}k{\leqslant}M)$ 按从大到小排列,代表了速度场序列在对应特征向量(第 k 阶模态)上投影能量的大小。

　　流场总能量、投影系数及特征值的相关关系为:

$$E = (A(r,t),A(r,t)) = \sum_{k=1}^{M}\sum_t a^k(t)^2 = \sum_{k=1}^{M}\lambda_k \tag{5.6}$$

令 $E_k=\lambda_k/E$ 为第 k 阶模态的含能比例。

5.6.1　主要含能模态

采用 5.5 节中抽取的独立样本进行 POD 分析，提取脉动流场序列中的主要含能模态，各组次的前三阶含能模态的流场见图 5.14，其中矢量代表流速场，等高线为时均雷诺应力场。

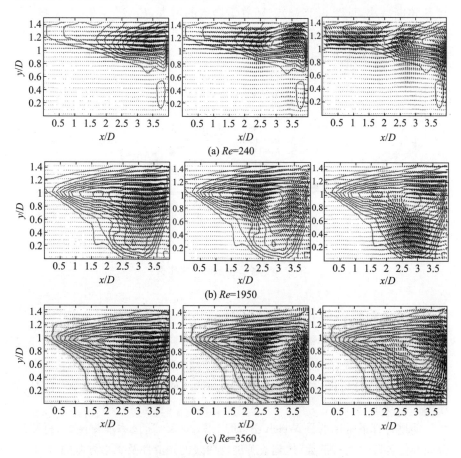

(a) Re=240

(b) Re=1950

(c) Re=3560

图 5.14　前三阶含能模态的流场图

左：第一阶模态；中：第二阶模态；右：第三阶模态

由图 5.14 可知，流速较大的区域对应着雷诺应力高值区。前 3 阶模态表明，方腔内主要存在以下三种流态：（1）剪切层向下游发展并与随边及下游边墙发生冲撞（对应第一阶模态）；（2）在随边及下游边墙冲撞后逆向反弹的剪切层又与来流剪切层发生冲撞（对应第二阶模态）；（3）剪切层在冲撞下游边墙后下潜进入方腔内部,并回流上升后与来流剪切层发生掺混(对应第三阶模态)。尽管第三阶模态的含能比例相对较弱,但它仍是顺时针涡旋和大环流产生的主要因素之一。

图 5.15 给出了前 10 阶模态的含能比例随雷诺数的变化,其中前三阶模态的能量之和占了总能量的 25% 左右。随着模态阶数 k 的增加,含能比例 E_k 不断减小,见图 5.15(a)。随着雷诺数的增大,E_1、E_2 及 E_3 不断减小;但减小的速度随模态阶数的增加而减小,以至于当 $k \geqslant 10$ 后,E_k 保持定值而不随雷诺数发生变化,见图 5.15(b)。

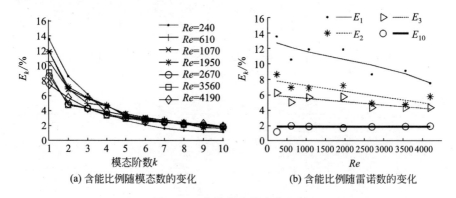

(a) 含能比例随模态数的变化　　　　(b) 含能比例随雷诺数的变化

图 5.15　各阶模态的含能比例

5.6.2　含能模态的谱分析

由于 $a_k(t)$ 是流场序列在第 k 阶模态的投影系数的时间序列,$a_k(t)$ 显示了方腔内脉动流场序列与第 k 阶模态的相似程度随时间的变化,故对 $a_k(t)$ 进行能谱分析可以推求方腔内流场结构(对应 POD 分解模态)在时间序列上出现的规律。

能谱计算最常用的是 Welch 法(胡广书,2003),通过添加窗函数、将数据分段并使各段之间有重叠,达到改善能谱曲线的光滑性及减小方差的目的。

假设分析数据样本 $x(n)$($1 \leqslant n \leqslant N$)为方腔中垂面二维速度场的时间序列,Welch 法分段计算的数据长度为 M,每段数据间重合度为 o_l($0 \leqslant o_l \leqslant 1$),总计算段数 $L = (N - o_l M)/(M - o_l M)$,采用的窗函数为 $w(j)$($1 \leqslant j \leqslant M$),采样频率为 F_s,则 Welch 平均能谱公式为:

$$P(f) = \frac{1}{F_s M W L} \sum_{l=1}^{L} \left| \sum_{j=1}^{M} x_l(j) w(j) \mathrm{e}^{-ifj} \right|^2 \qquad (5.7)$$

其中 $W = \dfrac{1}{M}\displaystyle\sum_{j=1}^{M} w(j)^2$，能谱分辨率为 F_s/M。

将 Welch 能谱无量纲化(Basley et al.，2011)，得归一化能谱 $\mathrm{PSD}(f) = 10 \cdot \log_{10}(P(f)/\max(P(f)))$，单位是 dB。

采用 Welch 法对 $a_k(t)$ 进行能谱分析，抽样样本长度 1000，采样频率 10 Hz，分段长度 $M=40$，重合系数 $o_1=0.9$，窗函数采用 Hamming 窗，计算得到分辨率为 0.25 Hz 的归一化能谱。本节选取代表性的 $a_k(t)(k=1,3,5,10)$ 序列进行分析，如图 5.16 所示。

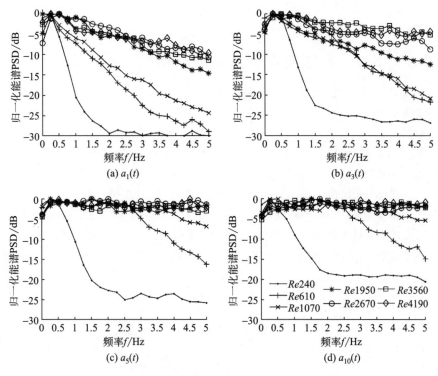

图 5.16　脉动流场的投影系数 $a_k(t)$ 的能谱

一阶模态投影系数的能谱优势频率在 $Re=240\sim1070$ 时为 0.25 Hz，在 $Re=1950\sim4190$ 时为 0.5 Hz，见图 5.16(a)，区别于 Pastur et al.(2005)得出的方腔气流流场一阶模态的优势频率为 13.5 Hz。Reynolds 数的增大导致方腔流场一阶模态的优势频率略微增加，各频率间能谱值差异减小。当 Re 较小时，一阶模态在流场时间序列上呈现出明显的周期特征；随着 Re 的增大，虽然一阶模态的能量只有小幅度减小(图 5.16(b))，但其对应时间序列的规律性逐渐降低、无序性增加。

随着模态阶数的增加(图 5.16(a)～(d)),优势频率逐渐消失,频域能谱值几乎全变为白噪声(如 $a_5(t)$ 及 $a_{10}(t)$ 中 $Re>1070$ 时的能谱曲线)。频域的白噪声对应于时域的无序信号,表明高阶模态(如第五及十阶模态)在流场时间序列中的出现规律是无序的。但 $Re=240$ 的各阶模态始终出现优势频率,表明槽道内为层流时,流场序列规律性较好。同一来流强度下,低阶模态(大尺度结构)在时间序列中出现的规律性大于高阶模态(小尺度结构);随着来流强度增大,所有模态(大、小尺度结构)的无序性增大,表明方腔内流场的随机性增大。

5.7　方腔槽道紊流相干结构的唯象模型

综合前几节关于时均环流、雷诺应力、涡旋及 POD 的计算结果,本节建立了方腔槽道紊流相干结构的唯象模型,见图 5.17。图中 1—1 点画线为后台阶流动(如果没有方腔下游边墙)条件下剪切层的发展曲线(对应第一阶模态)。当剪切层发展遇到方腔下游垂直边墙阻挡后,剪切层 1—1 线发展为以下两路:撞击在下游边墙后逆向反弹的 2—2 虚线(对应第二阶模态);撞击后下潜、向上游发展并抬升的 3—3 虚线(对应第三阶模态)。3—3 曲线内的流体向上游上升发展,与主流汇合后,被改变方向,形成大环流 PG,大环流又诱导产生了小环流 SG。随着雷诺数的增大,大环流逐渐沿 x 方向不断发展,小环流则受压迫不断变小,两者最终稳定的雷诺数都接近 2600。

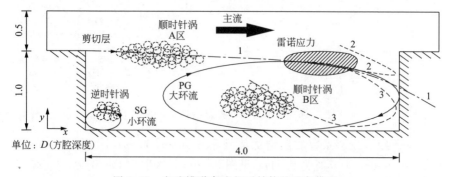

图 5.17　方腔槽道紊流相干结构的唯象模型

方腔内剪切层不断冲撞在下游边墙及随边上,导致雷诺应力的最大值出现在导边下游 $3/4L$ 附近。由于大环流也是由剪切层的冲撞下潜所致,故雷诺应力与大环流的空间位置存在一定的相关性,且两者都随雷诺数的增大不断向上游迁移。但雷诺应力高值区与涡旋密度高值区在空间上不存在相关性。

由于剪切层在导边处分离,导致了 A 区内顺时针涡旋的产生。这些涡旋的一部分被主流携带越过方腔;一部分在下游边墙冲撞而破碎;有些则下潜进入方腔,或与大环流融合,或被禁锢在 B 区内成为涡旋的一部分。POD 的第三阶模态也是 B 区内顺时针涡旋产生的一个原因,而且它应该是层流流态下 B 区内顺时针涡旋产生的主要驱动力。逆时针涡旋则由顺时针涡旋诱导产生,而其中一部分被禁锢在小环流中。

5.8　小　　结

本章主要介绍了带有方腔的槽道流实验系统,通过 PIV 测量了方腔中垂面的流场,并进行了时均流场、环流、涡旋及 POD 分析,最终建立了方腔槽道紊流相干结构的唯象模型。

通过将多级网格迭代法及图像变形算法相结合,编写了多级窗口迭代的定网格图像变形算法,提高了 PIV 的测速范围及精度;详细介绍了该算法的计算步骤及注意事项,以便读者可以编程实现。

由于方腔的存在,槽道内的剪切层在导边处分离,并与下游边墙发生冲撞,导致了一系列复杂流态的产生。主流仍集中在槽道中心,方腔内的流速较小。主流与方腔间动量交换使方腔内形成了大小两个环流;冲撞使紊动强度及雷诺应力的最大值出现在下游边墙附近。

大环流出现在下游边墙附近,而小环流则主要位于方腔的左下角。随着雷诺数的增大:大环流不断变大,并向上游迁移;小环流由于受到大环流的压迫而变小,并向方腔左下角靠近;两者的中心距离则不断减小。由于都因剪切层冲撞产生,大环流与雷诺应力的空间位置存在较好的相关性。

方腔中出现了两个顺时针涡旋密度高值区,一个位于导边下游,由剪切层分离所致,另一个位于下游边墙附近,由剪切层冲撞后下潜所致。逆时针涡旋由顺时针涡旋诱导产生,并主要集中在方腔的左下角。方腔内,雷诺应力与涡旋密度间的相关性较差。

利用 POD 的含能模态发现了剪切层与方腔间的三种作用规律,即冲撞、冲撞后逆向反弹、冲撞后下潜并回流上升。随着雷诺数的增大,各阶模态的含能比例不断减小,且各阶模态在时间序列中出现的规律性不断降低。

建立了带有方腔的槽道紊流相干结构唯象模型,以解释槽道与方腔间的相互作用机理,并解释时均环流、雷诺应力及涡旋间的相互关系。

第6章 结论与展望

6.1 结　　论

　　槽道紊流是典型的壁面紊流,广泛存在于生产和生活中。对槽道内紊流相干结构的研究将有助于理解紊流的物理机理和其内部物质输移规律。旋转强度普遍应用于识别相干结构中的涡旋结构,本文经过推导得出了二维和三维旋转强度的理论解,并将其应用在:分析二维和三维旋转强度的差异;研究时均剪切对涡旋识别的影响;对比 DNS 槽道紊流中二维和三维涡旋属性在三个切面内的差异;建立方腔槽道紊流相干结构的唯象模型。主要研究结果如下:

　　(1) 通过求解二维和三维速度梯度张量的特征方程,推导出二维和三维旋转强度的理论解。对比二维及三维旋转强度的统计值(均值、均方根、极大值和概率密度分布)可知,两者参数的变化趋势基本一致,但三维参数的数值大于二维参数。通过统计二维和三维旋转强度的比值与涡旋倾角的联合概率密度分布可知,两者存在正弦关系,即 $\lambda_{ci2D}/\lambda_{ci3D} = \sin(|\alpha|)$;除缓冲层内的垂向涡旋外,此式在槽道紊流中具有普适性。

　　(2) 推导得出二维和三维旋转强度的理论关系式:

$$(\lambda_{ciXY})^2 + (\lambda_{ciYZ})^2 + (\lambda_{ciXZ})^2 + 3(\lambda_{cr3D})^2$$
$$+ \frac{1}{4}\left[\left(\frac{\partial \tilde{u}}{\partial x}\right)^2 + \left(\frac{\partial \tilde{v}}{\partial y}\right)^2 + \left(\frac{\partial \tilde{w}}{\partial z}\right)^2\right] = (\lambda_{ci3D})^2$$

　　利用 DNS 槽道紊流数据统计得出,二维旋转强度、λ_{cr3D} 和线变形率占三维旋转强度的比重分别为 84%、5% 和 11%,即二维旋转强度所占比重最大,而 λ_{cr3D} 比重最小。一般情况下,三维旋转强度的平方与 3 个二维旋转强度的平方和间差异为 16%,只有当涡旋的运动轨迹为纯圆且其线变形率为零时,两者才相等。

　　(3) 分别以存在垂向剪切的二、三维槽道紊流为例,推导得出时均剪切通过 $\partial v/\partial x \cdot \partial U/\partial y$ 和 $\partial U/\partial y \cdot (\partial v/\partial x \cdot \partial w/\partial z - \partial v/\partial z \cdot \partial w/\partial x)$ 两项影

响涡旋的识别。但只有当涡旋旋转平面与剪切平面一致，涡旋旋转方向与剪切方向相反，且时均剪切大于逆向涡旋中心涡量的一半时，时均剪切才会影响该涡旋的识别。统计 DNS 槽道紊流数据发现，上述条件仅会在 $y^+ <$ 50 的区间内存在，此结果解释了近壁区内逆向涡旋数量少于正向涡旋的原因。

（4）二维涡旋密度在三个切面内分别为：XY 面内正向涡数量远大于逆向涡，XZ 面内顺、逆时针涡旋数量基本一致，YZ 面内上、下游涡的数量也基本相同。关于二维涡旋的总密度，无量纲密度处于 10^{-5} 量级，以 XZ 面内涡旋最多，XY 及 YZ 面内数量相近。三维涡旋的密度在各切面内的趋势基本与二维涡旋一致，但由于二维旋转强度场会将三维旋转强度场"破碎分解"，导致三维涡旋的密度略小于二维涡旋。

（5）二维涡旋半径在各切面内分别为：XY 面内正向涡半径大于逆向涡，而 XZ 面或 YZ 面内两种涡旋的半径基本相等。二维涡旋的半径基本随着垂向距离的增加而增大，主要分布在 $10^+ \sim 30^+$ 区间内；其中 XY 面与 YZ 面的二维涡旋半径相近，而 XZ 面内的涡旋半径最小。三维涡旋的半径分为面内半径及涡管半径，三维涡旋的面内半径大于二维涡旋半径，但三维涡管半径小于二维涡旋半径。计算可得 $r_{\text{tube}}^{\varepsilon=0.4} \approx r_{\text{2D}}^{\varepsilon=1.5}$，表明二维 PIV 测量的二维涡旋半径，可作为三维涡管收敛半径的良好近似。

（6）推导得出表征涡旋方向的实特征向量的理论解。对比涡量矢量及实特征向量可知：两者的夹角在缓冲层内较大；在对数区及外区，夹角的概率密度分布基本稳定，主要分布在 $[0°,60°]$ 内，峰值为 $10°$。由于涡量受到剪切和大尺度运动的影响，本文仅使用实特征向量衡量涡旋方向。

（7）XY 面内正向涡倾角的概率密度大于逆向涡，而 XZ 面或 YZ 面内两种涡旋倾角的 PDF 基本对称；三个切面内概率最大的倾角值分别为 $55°$、$45°$ 和 $55°$。XZ 面内涡旋投影角的 PDF 沿垂向逐渐变得平坦，而 YZ 面和 XY 面内投影角的 PDF 在缓冲层外基本重合；三个切面内投影角的峰值区间分别为 $[-180°,-90°] \cup [90°,180°]$、$[-180°,-90°] \cup [90°,180°]$ 和 $[-180°,-110°] \cup [0°,70°]$。由倾角与投影角的联合概率密度分布可知，在近壁区内，涡旋的方向在空间排列具有规律性，但随着垂向距离的增大，由于涡旋间的相互作用、剪切及黏性对涡旋的影响，涡旋的方向在空间排列变得无序，以投影角尤为明显。但可以用 Ω 形发夹涡模型来解释涡旋与切面间倾角的变化规律。

（8）由于槽道内方腔的存在，在导边处分离的剪切层，往下游运动发展的过程中，冲撞在随边、下游边墙及方腔底部，导致了一系列复杂流态的产生。冲撞使紊动强度及雷诺应力的最大值出现在下游边墙附近；槽道主流与方腔间的动量交换使方腔内形成了两个大小不等、旋转方向相反的环流，其中大环流位于下游边墙附近，而小环流则出现在方腔的左下角。方腔内的顺时针涡旋密度高值区，一个位于导边下部，由剪切层分离所致，另一个位于下游边墙附近，由剪切层冲撞后下潜所致。环流、瞬时涡旋及雷诺应力与雷诺数间存在良好相关性。利用 POD 分析发现，剪切层与方腔存在三种作用规律：冲撞、冲撞后逆向反弹、冲撞后下潜并回流上升。综合以上结论，建立了方腔槽道紊流相干结构的唯象模型，可用于解释方腔内污染物滞留和泥沙淤积的规律。

6.2　创　新　点

本文的主要创新点：

（1）首次推导得出了旋转强度的理论解及用于表征涡旋方向的实特征向量的理论解。

（2）首次得出时均流速梯度影响涡旋识别的作用项及影响条件：

作用项：$\dfrac{\partial v}{\partial x}\dfrac{\partial U}{\partial y}$ 和 $\dfrac{\partial U}{\partial y}\left(\dfrac{\partial v}{\partial x}\dfrac{\partial w}{\partial z}-\dfrac{\partial v}{\partial z}\dfrac{\partial w}{\partial x}\right)$；

影响条件：$\partial U/\partial y > \Gamma/2\pi r_0^2$，即当时均剪切强度大于逆向涡旋中心涡量的一半时，将无法从瞬时流场中识别出此涡旋。

（3）首次得出了二维和三维旋转强度的理论关系：

$$(\lambda_{ciXY})^2 + (\lambda_{ciYZ})^2 + (\lambda_{ciXZ})^2 + 3(\lambda_{cr3D})^2 +$$
$$\frac{1}{4}\left[\left(\frac{\partial \bar{u}}{\partial x}\right)^2 + \left(\frac{\partial \tilde{v}}{\partial y}\right)^2 + \left(\frac{\partial \tilde{w}}{\partial z}\right)^2\right] = (\lambda_{ci3D})^2$$

并得出二维旋转强度、λ_{cr3D} 及线变形率对三维旋转强度的贡献率分别为 84%、5% 及 11%。

（4）首次同时对槽道紊流中三个切面（XY、YZ 及 XZ）内二维与三维涡旋的密度、半径及方向进行对比，有助于分析二维与三维涡旋的差异、深入理解涡旋的特征。

6.3 展　　望

本文工作主要建立在旋转强度理论解的基础上,通过分析二维与三维旋转强度的联系,对比两者在提取涡旋属性(数量、尺度及方向)上的差异,和理论解在方腔槽道紊流中的应用,来研究封闭槽道紊流的相干结构。在本文研究基础上,可开展以下工作:

(1) 旋转强度理论解的应用:由 Chakraborty et al. (2005)的研究可知,参数阈值法中 Q、Δ、λ_2 与 λ_{ci} 间存在代数关系,可由此推出其他三者的理论解,并分析四者的联系及差异;由 3.3.1 节可知,正向涡半径大于逆向涡,可尝试理论分析时均剪切导致这一差异的原因;明渠中当宽深比较小时,槽底与侧壁会同时产生剪切,可理论分析其对涡旋识别的影响。

(2) 槽道紊流涡旋属性的应用:当课题组的 3D 扫描 PIV 开发成功后,可验证本文槽道流研究结果在明渠流中的适用性及差异;并进一步验证式(2.13)中各项所占的比重值是否具有普适性。

参 考 文 献

[1] Adrian R J, Meinhart C D, Tomkins C D. Vortex organization in the outer region of the turbulent boundary layer[J]. Journal of Fluid Mechanics, 2000, 422: 1-54.

[2] Ahuja K K, Mendoza J. Effects of cavity dimensions, boundary layer, and temperature on cavity noise with emphasis on benchmark data to validate computational aeroacoustic codes[J]. NASA Contractor Report No. 4653, 1995.

[3] Alfonsi G. Coherent structures of turbulence: Methods of eduction and results [J]. Applied Mechanics Reviews, 2006, 59(6): 307-323.

[4] Astarita T. Analysis of velocity interpolation schemes for image deformation methods in PIV[J]. Experiments in Fluids, 2008, 45(2): 257-266.

[5] Basley J, Pastur L R, Lusseyran F, et al. Experimental investigation of global structures in an incompressible cavity flow using time-resolved PIV [J]. Experiments in Fluids, 2011, 50(4): 905-918.

[6] Bernard P S, Thomas J M, Handler R A. Vortex dynamics and the production of Reynolds stress[J]. Journal of Fluid Mechanics, 1993, 253: 385-419.

[7] Bernard P S, Wallace J M. Turbulent Flow: Analysis, Measurement, and Prediction[M]. John Wiley & Sons, 2002.

[8] Blackwelder R F, Eckelmann H. Streamwise vortices associated with the bursting phenomenon[J]. Journal of Fluid Mechanics, 1979, 94(3): 577-594.

[9] Bogard D G, Tiederman W G. Characteristics of ejections in turbulent channel flow[J]. Journal of Fluid Mechanics, 1987, 179: 1-19.

[10] Bonnet J P. Eddy Structure Identification[M]. Springer Verlag, 1996.

[11] Bredberg J. On the Wall Boundary Condition for Turbulence Models[R]. Internal Report 00/4, Department of Thermo and Fluid Dynamics, Chalmers University of Technology, Goteborg, 2000.

[12] Cameron S M. Near boundary flow structure and particle entrainment[D]. Auckland, New Zealand: University of Auckland, 2006.

[13] Camussi R, Di Felice F. Statistical properties of vortical structures with spanwise vorticity in zero pressure gradient turbulent boundary layers[J]. Physics of Fluids, 2006, 18: 35108.

[14] Carlier J, Stanislas M. Experimental study of eddy structures in a turbulent

boundary layer using particle image velocimetry[J]. Journal of Fluid Mechanics, 2005, 535: 143-188.

[15] Chakraborty P, Balachandar S, Adrian R J. On the relationships between local vortex identification schemes [J]. Journal of Fluid Mechanics, 2005, 535: 189-214.

[16] Chen Q, Adrian R J, Zhong Q, et al. Experimental study on the role of spanwise vorticity and vortex filaments in the outer region of open-channel flow [J]. Journal of Hydraulic Research, 2014a, 52(4): 476-489.

[17] Chen Q, Zhong Q, Wang X, et al. An improved swirling-strength criterion for identifying spanwise vortices in wall turbulence[J]. Journal of Turbulence, 2014, 15(2): 71-87.

[18] Chong M S, Perry A E, Cantwell B J. A general classification of three-dimensional flow fields[J]. Physics of Fluids, 1990, 2(5): 765-777.

[19] Das S K, Tanahashi M, Shoji K, et al. Statistical properties of coherent fine eddies in wall-bounded turbulent flows by direct numerical simulation[J]. Theoretical and Computational Fluid Dynamics, 2006, 20(2): 55-71.

[20] DelAlamo J C, Jiménez J. Spectra of the very large anisotropic scales in turbulent channels[J]. Physics of Fluids, 2003, 15(6): L41-L44.

[21] Del Alamo J C, Jimenez J, Zandonade P, et al. Scaling of the energy spectra of turbulent channels[J]. Journal of Fluid Mechanics, 2004, 500: 135-144.

[22] Del Alamo J C, Jimenez J, Zandonade P, et al. Self-similar vortex clusters in the turbulent logarithmic region [J]. Journal of Fluid Mechanics, 2006, 561: 329-358.

[23] Efron B, Tibshirani R. An introduction to the bootstrap [M]. New York: Chapman and Hall, 1993.

[24] Faure T M, Adrianos P, Lusseyran F, et al. Visualizations of the flow inside an open cavity at medium range Reynolds numbers [J]. Experiments in Fluids, 2007, 42(2): 169-184.

[25] Fiedler H E. Coherent structures in turbulent flows[J]. Progress in Aerospace Sciences, 1988, 25(3): 231-269.

[26] Florio D D, Felice F D, Romano G P. Windowing, re-shaping and re-orientation interrogation windows in particle image velocimetry for the investigation of shear flows[J]. Measurement Science and Technology, 2002, 13: 953.

[27] Forliti D J, Strykowski P J, Debatin K. Bias and precision errors of digital particle image velocimetry[J]. Experiments in Fluids, 2000, 28(5): 436-447.

[28] Ganapathisubramani B, Longmire E K, Marusic I. Experimental investigation of

vortex properties in a turbulent boundary layer[J]. Physics of Fluids, 2006, 18: 55105.

[29] Gao Q, Ortiz-Duenas C, Longmire E K. Circulation signature of vortical structures in turbulent boundary layers [C]. The 16th Australasian Fluid Mechanics Conference(AFMC), Crown Plaza, Gold Coast, Australia, 2007: 135-141.

[30] Gao Q, Ortiz-Dueñas C, Longmire E K. Analysis of vortex populations in turbulent wall-bounded flows [J]. Journal of Fluid Mechanics, 2011, 678: 87-123.

[31] Grace S M, Dewar W G, Wroblewski D E. Experimental investigation of the flow characteristics within a shallow wall cavity for both laminar and turbulent upstream boundary layers[J]. Experiments in Fluids, 2004, 36(5): 791-804.

[32] Gyr A, Schmid A. Turbulent flows over smooth erodible sand beds in flumes [J]. Journal of Hydraulic Research, 1997, 35(4): 525-544.

[33] Haigermoser C. Application of an acoustic analogy to PIV data from rectangular cavity flows[J]. Experiments in Fluids, 2009, 47(1): 145-157.

[34] Haigermoser C, Scarano F, Onorato M. Investigation of the flow in a rectangular cavity usingtomographic and time-resolved PIV[C]. Proceedings of the 26th international congress of the aeronautical sciences(ICAS), Ancorage, AK, USA, 2008: 14-19.

[35] Hambleton W T. Experimental study of coherent events in laminar and turbulent boundary layers[D]. Minnesota: University of Minnesota, 2007.

[36] Head M R, Bandyopadhyay P. New aspects of turbulent boundary-layer structure[J]. Journal of Fluid Mechanics, 1981, 107: 297-338.

[37] Herpin S, Stanislas M, Soria J. The organization of near-wall turbulence: a comparison between boundary layer SPIV data and channel flow DNS data[J]. Journal of Turbulence, 2010, 11(47): 1-30.

[38] Holman J P. Heat Transfer[M]. New York: McGraw-Hill, 1986: 210.

[39] Holmes P, Lumley J L, Berkooz G. Turbulence, Coherent Structures, Dynamical Systems and Symmetry[M]. Cambridge university press, 1998.

[40] Huang H T, Fiedler H E, Wang J J. Limitation and improvement of PIV[J]. Experiments in Fluids, 1993, 15(4): 263-273.

[41] Hunt J C, Wray A A, Moin P. Eddies, Streams, and Convergence Zones in Turbulent Flows[R]. Center for Turbulence Research Report CTR-S88, 1988: 193-208.

[42] Hussain A. Coherent structures and turbulence[J]. Journal of Fluid Mechanics,

1986, 173: 303-356.

[43] Hutchins N, Hambleton W T, Marusic I. Inclined cross-stream stereo particle image velocimetry measurements in turbulent boundary layers[J]. Journal of Fluid Mechanics, 2005, 541: 21-54.

[44] Jacobson N. Basic Algebra I(2nd ed.)[M]. New York: W H Freeman and Company, 1985.

[45] Jeong J, Hussain F. On the identification of a vortex[J]. Journal of Fluid Mechanics, 1995, 285: 69-94.

[46] Jiménez J, Kawahara G. Dynamics of Wall-Bounded Turbulence [M]. In: Davidson P A, Kaneda Y, Sreenvasan K R. Ten chapters in Turbulence. Cambridge University Press, 2013: 227.

[47] Kaftori D, Hetsroni G, Banerjee S. Particle behavior in the turbulent boundary layer. I. Motion, deposition, and entrainment[J]. Physics of Fluids, 1995, 7(5): 1095-1106.

[48] Kang W, Sung H J. Large-scale structures of turbulent flows over an open cavity [J]. Journal of Fluids and Structures, 2009, 25(8): 1318-1333.

[49] Keane R D, Adrian R J. Optimization of particle image velocimeters. I. Double pulsed systems[J]. Measurement Science and Technology, 1990, 1: 1202-1215.

[50] Kim J. Evolution of a vortical structure associated with the bursting event in a channel flow[C]. The 5th Symposium on Turbulent Shear Flows. Berlin: Springer Berlin Heidelberg, 1987: 221-233.

[51] Kim J, Moin P, Moser R. Turbulence statistics in fully developed channel flow at low Reynolds number[J]. Journal of Fluid Mechanics, 1987, 177: 133-166.

[52] Kim K C, Adrian R J. Very large-scale motion in the outer layer[J]. Physics of Fluids, 1999, 11(2): 417-422.

[53] Kline S J, Reynolds W C, Schraub F A, et al. The structure of turbulent boundary layers[J]. Journal of Fluid Mechanics, 1967, 30(04): 741-773.

[54] Küchemann D. Report on the IUTAM symposium on concentrated vortex motions in fluids[J]. Journalof Fluid Mechanics, 1965, 21(01): 1-20.

[55] Lamb H. Hydrodynamics[M]. Cambridge: Cambridge University Press, 1993.

[56] Lecordier B, Lecordier J C, Trinite M. Iterative sub-pixel algorithm for the cross-correlation PIV measurements[C]. International Workshop on PIV'99, Santa Barbara, USA, 1999: 37-43.

[57] Lin J C, Rockwell D. Organized oscillations of initially turbulent flow past a cavity[J]. AIAA Journal, 2001, 39(6): 1139-1151.

[58] Lugt H J. The Dilemma of Defining a Vortex[M]. In: Müller U, Rosener K G,

Schmidt B. Recent developments in theoretical and experimental fluid mechanics. Berlin: Springer Berlin Heidelberg, 1979: 309-321.

[59] Maciel Y, Robitaille M, Rahgozar S. A method for characterizing cross-sections of vortices in turbulent flows[J]. International Journal of Heat and Fluid Flow, 2012, 37: 177-188.

[60] Manovski P, Giacobello M, Soria J. Particle Image Velocimetry Measurements over an Aerodynamically Open Two-Dimensional Cavity [C]. The 16th Australasian Fluid Mechanics Conference, Crown Plaza, Gold Coast, Australia, 2007, 677-683.

[61] Marusic I. On the role of large-scale structures in wall turbulence[J]. Physics of Fluids, 2001, 13(3): 735-743.

[62] Marusic I, Adrian R J. Scaling issues and the role of organized motion in wall turbulence[M]. In: Davidson P A, Kaneda Y, Sreenvasan K R. Ten chapters in Turbulence. Cambridge: Cambridge University Press, 2013: 182-183.

[63] Marusic I, Ganapathisubramani B, Longmire E K. Dual-plane PIV investigation of structural features in a turbulent boundary layer[C]. The 15th Australasian Fluid Mechanics Conference, Sydney: The University of Sydney, 2004.

[64] Moser R D, Kim J, Mansour N N. Direct numerical simulation of turbulent channel flow up to $Re_\tau = 590$[J]. Physics of fluids, 1999, 11(4): 943-945.

[65] Nagaosa R, Handler R A. Statistical analysis of coherent vortices near a free surface in a fully developed turbulence[J]. Physics of Fluids, 2003, 15(2): 375-394.

[66] Natrajan V K, Wu Y, Christensen K T. Spatial signatures of retrograde spanwise vortices in wall turbulence[J]. Journal of Fluid Mechanics, 2007, 574: 155-167.

[67] Özsoy E, Rambaud P, Stitou A, et al. Vortex characteristics in laminar cavity flow at very low Mach number[J]. Experiments in Fluids, 2005, 38(2): 133-145.

[68] Pastur L R, Lusseyran F, Fraigneau Y, et al. Determining the spectral signature of spatial coherent structures in an open cavity flow[J]. Physical review E, 2005, 72(6): 65301.

[69] Perry A E, Chong M S. A description of eddying motions and flow patterns using critical-point concepts[J]. Annual Review of Fluid Mechanics, 1987, 19: 125-155.

[70] Perry A E, Henbest S, Chong M S. A theoretical and experimental study of wall turbulence[J]. Journal of Fluid Mechanics, 1986, 165: 163-199.

[71]　Pirozzoli S, Bernardini M, Grasso F. Characterization of coherent vortical structures in a supersonic turbulent boundary layer [J]. Journal of Fluid Mechanics, 2008, 613: 205-231.

[72]　Robinson S K. A review of vortex structures and associated coherent motions in turbulent boundary layers[M]. In: Strings P. Structure of Turbulence and Drag Reduction. Berling: Springer, 1990: 23-50.

[73]　Robinson S K. Coherent motions in the turbulent boundary layer[J]. Annual Review of Fluid Mechanics, 1991, 23: 601-639.

[74]　Saikrishnan N, Marusic I, Longmire E K. Assessment of dual plane PIV measurements in wall turbulence using DNS data[J]. Experiments in fluids, 2006, 41: 265-278.

[75]　Sanjou M, Akimoto T, Okamoto T. Three-dimensional turbulence structure of rectangular side-cavity zone in open-channel streams[J]. International Journal of River Basin Management, 2012, 10(4): 293-305.

[76]　Sarohia V. Experimental investigation of oscillations in flows over shallow cavities[J]. AIAA Journal, 1977, 15(7): 984-991.

[77]　Scarano F. Iterative image deformation methods in PIV[J]. Measurement Science and Technology, 2002, 13: R1-R19.

[78]　Scarano F, Riethmuller M L. Iterative multigrid approach in PIV image processing with discrete window offset[J]. Experiments in Fluids, 1999, 26(6): 513-523.

[79]　Scarano F, Riethmuller M L. Advances in iterative multigrid PIV image processing[J]. Experiments in Fluids, 2000, 29S: S51-S60.

[80]　Schram C F. Aeroacoustics of subsonic jets: prediction of the sound produced by vortex pairing based on particle image velocimetry[D]. Eindhoven: Technische Universiteit Eindhoven, 2003.

[81]　Schram C, Rambaud P, Riethmuller M L. Wavelet based eddy structure eduction from a backward facing step flow investigated using particle image velocimetry [J]. Experiments in Fluids, 2004, 36(2): 233-245.

[82]　Sirovich L. Turbulence and the dynamics of coherent structures. Ⅰ-Coherent structures. Ⅱ-Symmetries and transformations. Ⅲ-Dynamics and scaling[J]. Quarterly of applied mathematics, 1987, 45: 561-571.

[83]　Smith C R, Walker J, Haidari A H, et al. On the dynamics of near-wall turbulence[J]. Philosophical Transactions: Physical Sciences and Engineering, 1991, 336(1641): 131-175.

[84]　Soria J. An investigation of the near wake of a circular cylinder using a video-based digital cross-correlation particle image velocimetry technique [J].

Experimental Thermal and Fluid Science，1996，12(2)：221-233.

[85] Stanislas M，Perret L，Foucaut J. Vortical structures in the turbulent boundary layer：a possible route to a universal representation[J]. Journal of Fluid Mechanics，2008，602：327-382.

[86] Tanahashi M，Kang S，Miyamoto T，et al. Scaling law of fine scale eddies in turbulent channel flows up to $Re_\tau = 800$[J]. International journal of heat and fluid flow，2004，25(3)：331-340.

[87] Tennekes H，Lumley J L. A First Course in Turbulence[M]. Boston：MIT Press，1972.

[88] Theodorsen T. Mechanism of turbulence[C]. Proceedings of the Second Midwestern Conference on Fluid Mechanics，1952：1-18.

[89] Townsend A A. The Structure of Turbulent Shear Flow[M]. Cambridge：Cambridge University Press，1976.

[90] Tropea C，Yarin A L，Foss J F. Springer Handbook of Experimental Fluid Mechanics[M]. Berlin：Springer Science & Business Media，2007.

[91] Uijttewaal W S J，Lehmann D，Van Mazijk A. Exchange processes between a river and its groyne fields：Model experiments[J]. Journal of Hydraulic Engineering-ASCE，2001，127(11)：928-936.

[92] Westerweel J，Dabiri D，Gharib M. The effect of a discrete window offset on the accuracy of cross-correlation analysis of digital PIV recordings[J]. Experiments in Fluids，1997，23：20-28.

[93] Westerweel J，Scarano F. Universal outlier detection for PIV data[J]. Experiments in Fluids，2005，39(6)：1096-1100.

[94] Wu Y，Christensen K T. Population trends of spanwise vortices in wall turbulence[J]. Journal of Fluid Mechanics，2006，568：55-76.

[95] Zhong J，Huang T S，Adrian R J. Extracting 3D vortices in turbulent fluid flow. Pattern Analysis and Machine Intelligence[J]，IEEE Transactions on Fluid，1998，20(2)：193-199.

[96] Zhou J，Adrian R J，Balachandar S，et al. Mechanisms for generating coherent packets of hairpin vortices in channel flow[J]. Journal of Fluid Mechanics，1999，387：353-396.

[97] 胡广书. 数字信号处理：理论、算法与实现[M]. 北京：清华大学出版社，2003.

[98] 夏振炎，贺丽萍，靳秀青，等. 壁湍流的本征正交分解与时空辨识[C]. 第八届全国实验流体力学学术会议，广州，2010：20-26.

[99] 钟强，李丹勋，陈启刚，等. 明渠湍流横向涡旋的尺度与环量特征[J]. 四川大学学报（工程科学版），2013，45(S2)：66-70.

名 词 索 引

（按汉语拼音首字母顺序排列）

作者简介

个人简历

1987 年 12 月 7 日出生于江苏省高淳县。

2006 年 9 月考入河海大学水利水电学院水利水电工程专业,2010 年 7 月本科毕业并获得工学学士学位。

2010 年 9 月免试推研进入清华大学水利系水利工程专业,直接攻读博士学位。

2013 年 10 月至 2014 年 4 月赴美国亚利桑那州立大学进行联合培养。

2015 年 7 月毕业于清华大学并获工学博士学位。

发表的学术论文

[1] **Huai Chen**, Ronald J Adrian, Qiang Zhong, et al. Analytic solutions for three dimensional swirling strength in compressible and incompressible flows. Physics of Fluids, 2014, 26(8): 81701(SCI 收录,检索号 WOS:000342851900001,影响因子 IF=2.040)

[2] **CHEN Huai**, ZHONG Qiang, WANG XingKui, et al. Reynolds number dependence of flow past a shallow open cavity. Science China Technological Sciences, 2014, 57(11): 2161-2171(SCI 收录,检索号 WOS:000345484100009,影响因子 IF=1.113)

[3] **陈槐**,钟强,任海涛,等. 不同雷诺数下空腔流的流动特性. 四川大学学报(工程科学版), 2013, 45(S2): 14-19(EI 收录,检索号 20133416651102)

[4] **陈槐**,钟强,李丹勋,等. 雷诺数对空腔水流时均结构的影响. 水利学报, 2014, 45(1): 65-71(EI 收录,检索号 20141217482015)

[5] **陈槐**,陈启刚,苗蔚,等. Reynolds 数对方腔流谱结构的影响. 清华大

学学报(自然科学版),2014,54(8):1031-1037(EI 收录,检索号20145200366164)

[6] **Huai Chen**, Danxun Li, Qigang Chen, et al. Vortex Population and Reynolds Stress in a Cavity Flow.//Proceedings of 35th IAHR World Congress,2013,4:3647(国际会议)

[7] **陈槐**,李丹勋,陈启刚,等. 明渠恒定均匀流实验中尾门的影响范围. 实验流体力学,2013,27(4):12-16(中文核心期刊)

[8] **陈槐**,钟强,李丹勋,等. 多级网格迭代的图像变形算法在 PIV 中的应用. 流体动力学,2013,1:34-39

研 究 成 果

[1] 王兴奎,**陈槐**,胡江,陈启刚,钟强,李丹勋. 颗粒三维受力与二维流速场的耦合测量装置. 中国发明专利,ZL201110424385.0(专利号)

[2] 王兴奎、陈启刚、任海涛、**陈槐**、李丹勋. 一种河工模型试验的推移质加沙装置. 中国发明专利,ZL201110418165.7(专利号)

在学期间参加的研究项目

[1] 国家自然科学仪器专项基金:两相流二维高频 PIV 系统研发(51127006)

[2] 国家科技支撑计划课题:上游梯级水库对三峡入库水沙变化影响研究(2012BAB04B01)

致　谢

　　由衷地感谢导师王兴奎教授在我攻读博士学位期间的悉心指导与帮助。恩师严谨的治学态度及对科学的热爱始终激励着我不断前进。

　　由衷地感谢李丹勋教授与我分享他宝贵的人生体会和科研心得,他对我亦师亦友的鼓励与帮助弥足珍贵。

　　感谢美国亚利桑那州立大学的 Ronald J. Adrian 教授在我赴美期间对我科研上的悉心指导和无私帮助。

　　感谢钟强和陈启刚师兄,本文的一些工作是在他们的组会汇报中获得启发而开展的。感谢课题组的师兄师姐、师弟师妹们,生活中因为有了你们的陪伴与关怀,我的世界变得多姿多彩。感谢爸妈及姐姐们对我多年的支持,为我提供随时可以依靠的温暖港湾。

　　感谢挚友花玉龙和董坤明在我情绪低落时,给予我的关怀和鼓励。感谢 Susan、Gail 和 Anita 在我精神不振时,不断地给我问候和鞭策。感谢 Susan,即使手指打字不怎么灵敏,仍然给我写了很多很长的邮件,不断地关心、安慰及鼓励我。感谢 Harold S. Kushner 和周国平的作品,安抚并平慰我的心灵。

　　由衷地感谢生活和科研中所有帮助过我的人们。

　　感谢挫折使我从心底开始成长。无我的空理易明,有情的尘缘难断;那纸上得来的空理,必定要历经困境才会蜕化为自己的实理。

　　记忆中最难忘却的,除了顺境中的喜悦,就是逆境中的挫折。若干年后,曾经的逆境也许会在心中升华为财富,而付之一笑,但那些曾经在逆境中帮助过自己的人们,我的心将持久地为之动容。

　　本课题承蒙国家自然科学基金项目(51127006)和国家科技支撑计划课题(2012BAB04B01)的资助,特此致谢。